U0260172

清华大学优秀博士学位论文丛书

细颗粒物化学组成及其对前体物排放响应的数值模拟

赵斌 著　Zhao Bin

Numerical Simulation of the
Chemical Components of Fine Particles and
Their Response to Precursor Emissions

清华大学出版社
北京

内 容 简 介

细颗粒物（PM$_{2.5}$）污染是我国目前面临的最严重的大气环境问题，对人体健康、居民的生产生活和区域气候造成了显著影响。PM$_{2.5}$由复杂的化学组分构成，需根据不同组分的理化特征和形成机制制定科学有效的控制策略。本书旨在探索对 PM$_{2.5}$化学组成，特别是二次有机气溶胶（SOA）进行数值模拟的有效方法，在此基础上，开发准确、快速、有效的 PM$_{2.5}$及其组分浓度与前体物排放的非线性响应模型，为 PM$_{2.5}$污染控制决策提供理论与技术支持。

本书是作者在清华大学环境学院攻读博士学位期间研究成果的概括和总结，希冀能为我国大气污染防治领域的科研人员、管理人员和研究生提供参考。

图书在版编目（CIP）数据

细颗粒物化学组成及其对前体物排放响应的数值模拟/赵斌著.—北京：清华大学出版社，2018

（清华大学优秀博士学位论文丛书）

ISBN 978-7-302-47615-3

Ⅰ.①细…　Ⅱ.①赵…　Ⅲ.①可吸入颗粒物－污染防治－研究　Ⅳ.①X513

中国版本图书馆 CIP 数据核字（2017）第 155494 号

责任编辑：魏贺佳
封面设计：傅瑞学
责任校对：刘玉霞
责任印制：沈　露

出版发行：清华大学出版社
　　　　　网　　址：http://www.tup.com.cn，http://www.wqbook.com
　　　　　地　　址：北京清华大学学研大厦 A 座　　　邮　编：100084
　　　　　社 总 机：010-62770175　　　　　　　　　邮　购：010-62786544
　　　　　投稿与读者服务：010-62776969，c-service@tup.tsinghua.edu.cn
　　　　　质量反馈：010-62772015，zhiliang@tup.tsinghua.edu.cn
印 装 者：三河市铭诚印务有限公司
经　　销：全国新华书店
开　　本：155mm×235mm　　印　张：13.75　　字　数：228 千字
版　　次：2018 年 6 月第 1 版　　　　　　印　次：2018 年 6 月第 1 次印刷
定　　价：119.00 元

产品编号：071044-01

一流博士生教育
体现一流大学人才培养的高度(代丛书序)^①

人才培养是大学的根本任务。只有培养出一流人才的高校,才能够成为世界一流大学。本科教育是培养一流人才最重要的基础,是一流大学的底色,体现了学校的传统和特色。博士生教育是学历教育的最高层次,体现出一所大学人才培养的高度,代表着一个国家的人才培养水平。清华大学正在全面推进综合改革,深化教育教学改革,探索建立完善的博士生选拔培养机制,不断提升博士生培养质量。

学术精神的培养是博士生教育的根本

学术精神是大学精神的重要组成部分,是学者与学术群体在学术活动中坚守的价值准则。大学对学术精神的追求,反映了一所大学对学术的重视、对真理的热爱和对功利性目标的摒弃。博士生教育要培养有志于追求学术的人,其根本在于学术精神的培养。

无论古今中外,博士这一称号都是和学问、学术紧密联系在一起,和知识探索密切相关。我国的博士一词起源于2000多年前的战国时期,是一种学官名。博士任职者负责保管文献档案、编撰著述,须知识渊博并负有传授学问的职责。东汉学者应劭在《汉官仪》中写道:"博者,通博古今;士者,辩于然否。"后来,人们逐渐把精通某种职业的专门人才称为博士。博士作为一种学位,最早产生于12世纪,最初它是加入教师行会的一种资格证书。19世纪初,德国柏林大学成立,其哲学院取代了以往神学院在大学中的地位,在大学发展的历史上首次产生了由哲学院授予的哲学博士学位,并赋予了哲学博士深层次的教育内涵,即推崇学术自由、创造新知识。哲学博士的设立标志着现代博士生教育的开端,博士则被定义为独立从事学术研究、具备创造新知识能力的人,是学术精神的传承者和光大者。

---

① 本文首发于《光明日报》,2017年12月5日。

博士生学习期间是培养学术精神最重要的阶段。博士生需要接受严谨的学术训练，开展深入的学术研究，并通过发表学术论文、参与学术活动及博士论文答辩等环节，证明自身的学术能力。更重要的是，博士生要培养学术志趣，把对学术的热爱融入生命之中，把捍卫真理作为毕生的追求。博士生更要学会如何面对干扰和诱惑，远离功利，保持安静、从容的心态。学术精神特别是其中所蕴含的科学理性精神、学术奉献精神不仅对博士生未来的学术事业至关重要，对博士生一生的发展都大有裨益。

独创性和批判性思维是博士生最重要的素质

博士生需要具备很多素质，包括逻辑推理、言语表达、沟通协作等，但是最重要的素质是独创性和批判性思维。

学术重视传承，但更看重突破和创新。博士生作为学术事业的后备力量，要立志于追求独创性。独创意味着独立和创造，没有独立精神，往往很难产生创造性的成果。1929 年 6 月 3 日，在清华大学国学院导师王国维逝世二周年之际，国学院师生为纪念这位杰出的学者，募款修造"海宁王静安先生纪念碑"，同为国学院导师的陈寅恪先生撰写了碑铭，其中写道："先生之著述，或有时而不章；先生之学说，或有时而可商；惟此独立之精神，自由之思想，历千万祀，与天壤而同久，共三光而永光。"这是对于一位学者的极高评价。中国著名的史学家、文学家司马迁所讲的"究天人之际、通古今之变，成一家之言"也是强调要在古今贯通中形成自己独立的见解，并努力达到新的高度。博士生应该以"独立之精神、自由之思想"来要求自己，不断创造新的学术成果。

诺贝尔物理学奖获得者杨振宁先生曾在 20 世纪 80 年代初对到访纽约州立大学石溪分校的 90 多名中国学生、学者提出："独创性是科学工作者最重要的素质。"杨先生主张做研究的人一定要有独创的精神、独到的见解和独立研究的能力。在科技如此发达的今天，学术上的独创性变得越来越难，也愈加珍贵和重要。博士生要树立敢为天下先的志向，在独创性上下功夫，勇于挑战最前沿的科学问题。

批判性思维是一种遵循逻辑规则、不断质疑和反省的思维方式，具有批判性思维的人勇于挑战自己、敢于挑战权威。批判性思维的缺乏往往被认为是中国学生特有的弱项，也是我们在博士生培养方面存在的一个普遍问题。2001 年，美国卡内基基金会开展了一项"卡内基博士生教育创新计划"，针对博士生教育进行调研，并发布了研究报告。该报告指出：在美国和欧洲,培养学生保持批判而质疑的眼光看待自己、同行和导师的观点同样非常不容易,批判性思维的培养必须要成为博士生培养项目的组成部分。

对于博士生而言,批判性思维的养成要从如何面对权威开始。为了鼓励学生质疑学术权威、挑战现有学术范式,培养学生的挑战精神和创新能力,清华大学在2013年发起"巅峰对话",由学生自主邀请各学科领域具有国际影响力的学术大师与清华学生同台对话。该活动迄今已经举办了21期,先后邀请17位诺贝尔奖、3位图灵奖、1位菲尔兹奖获得者参与对话。诺贝尔化学奖得主巴里·夏普莱斯(Barry Sharpless)在2013年11月来清华参加"巅峰对话"时,对于清华学生的质疑精神印象深刻。他在接受媒体采访时谈道:"清华的学生无所畏惧,请原谅我的措辞,但他们真的很有胆量。"这是我听到的对清华学生的最高评价,博士生就应该具备这样的勇气和能力。培养批判性思维更难的一层是要有勇气不断否定自己,有一种不断超越自己的精神。爱因斯坦说:"在真理的认识方面,任何以权威自居的人,必将在上帝的嬉笑中垮台。"这句名言应该成为每一位从事学术研究的博士生的箴言。

提高博士生培养质量有赖于构建全方位的博士生教育体系

一流的博士生教育要有一流的教育理念,需要构建全方位的教育体系,把教育理念落实到博士生培养的各个环节中。

在博士生选拔方面,不能简单按考分录取,而是要侧重评价学术志趣和创新潜力。知识结构固然重要,但学术志趣和创新潜力更关键,考分不能完全反映学生的学术潜质。清华大学在经过多年试点探索的基础上,于2016年开始全面实行博士生招生"申请-审核"制,从原来的按照考试分数招收博士生转变为按科研创新能力、专业学术潜质招收,并给予院系、学科、导师更大的自主权。《清华大学"申请-审核"制实施办法》明晰了导师和院系在考核、遴选和推荐上的权利和职责,同时确定了规范的流程及监管要求。

在博士生指导教师资格确认方面,不能论资排辈,要更看重教师的学术活力及研究工作的前沿性。博士生教育质量的提升关键在于教师,要让更多、更优秀的教师参与到博士生教育中来。清华大学从2009年开始探索将博士生导师评定权下放到各学位评定分委员会,允许评聘一部分优秀副教授担任博士生导师。近年来学校在推进教师人事制度改革过程中,明确教研系列助理教授可以独立指导博士生,让富有创造活力的青年教师指导优秀的青年学生,师生相互促进、共同成长。

  在促进博士生交流方面,要努力突破学科领域的界限,注重搭建跨学科的平台。跨学科交流是激发博士生学术创造力的重要途径,博士生要努力提升在交叉学科领域开展科研工作的能力。清华大学于2014年创办了"微沙龙"平台,同学们可以通过微信平台随时发布学术话题、寻觅学术伙伴。3年来,博士生参与和发起"微沙龙"12000多场,参与博士生达38000多人次。"微沙龙"促进了不同学科学生之间的思想碰撞,激发了同学们的学术志趣。清华于2002年创办了博士生论坛,论坛由同学自己组织,师生共同参与。博士生论坛持续举办了500期,开展了18000多场学术报告,切实起到了师生互动、教学相长、学科交融、促进交流的作用。学校积极资助博士生到世界一流大学开展交流与合作研究,超过60%的博士生有海外访学经历。清华于2011年设立了发展中国家博士生项目,鼓励学生到发展中国家亲身体验和调研,在全球化背景下研究发展中国家的各类问题。

  在博士学位评定方面,权力要进一步下放,学术判断应该由各领域的学者来负责。院系二级学术单位应该在评定博士论文水平上拥有更多的权力,也应担负更多的责任。清华大学从2015年开始把学位论文的评审职责授权给各学位评定分委员会,学位论文质量和学位评审过程主要由各学位分委员会进行把关,校学位委员会负责学位管理整体工作,负责制度建设和争议事项处理。

  全面提高人才培养能力是建设世界一流大学的核心。博士生培养质量的提升是大学办学质量提升的重要标志。我们要高度重视、充分发挥博士生教育的战略性、引领性作用,面向世界、勇于进取,树立自信、保持特色,不断推动一流大学的人才培养迈向新的高度。

邱勇

清华大学校长

2017 年 12 月 5 日

丛书序二

以学术型人才培养为主的博士生教育，肩负着培养具有国际竞争力的高层次学术创新人才的重任，是国家发展战略的重要组成部分，是清华大学人才培养的重中之重。

作为首批设立研究生院的高校，清华大学自 20 世纪 80 年代初开始，立足国家和社会需要，结合校内实际情况，不断推动博士生教育改革。为了提供适宜博士生成长的学术环境，我校一方面不断地营造浓厚的学术氛围，一方面大力推动培养模式创新探索。我校已多年运行一系列博士生培养专项基金和特色项目，激励博士生潜心学术、锐意创新，提升博士生的国际视野，倡导跨学科研究与交流，不断提升博士生培养质量。

博士生是最具创造力的学术研究新生力量，思维活跃，求真求实。他们在导师的指导下进入本领域研究前沿，吸取本领域最新的研究成果，拓宽人类的认知边界，不断取得创新性成果。这套优秀博士学位论文丛书，不仅是我校博士生研究工作前沿成果的体现，也是我校博士生学术精神传承和光大的体现。

这套丛书的每一篇论文均来自学校新近每年评选的校级优秀博士学位论文。为了鼓励创新，激励优秀的博士生脱颖而出，同时激励导师悉心指导，我校评选校级优秀博士学位论文已有 20 多年。评选出的优秀博士学位论文代表了我校各学科最优秀的博士学位论文的水平。为了传播优秀的博士学位论文成果，更好地推动学术交流与学科建设，促进博士生未来发展和成长，清华大学研究生院与清华大学出版社合作出版这些优秀的博士学位论文。

感谢清华大学出版社，悉心地为每位作者提供专业、细致的写作和出版指导，使这些博士论文以专著方式呈现在读者面前，促进了这些最新的优秀研究成果的快速广泛传播。相信本套丛书的出版可以为国内外各相关领域或交叉领域的在读研究生和科研人员提供有益的参考，为相关学科领域的发展和优秀科研成果的转化起到积极的推动作用。

感谢丛书作者的导师们。这些优秀的博士学位论文,从选题、研究到成文,离不开导师的精心指导。我校优秀的师生导学传统,成就了一项项优秀的研究成果,成就了一大批青年学者,也成就了清华的学术研究。感谢导师们为每篇论文精心撰写序言,帮助读者更好地理解论文。

感谢丛书的作者们。他们优秀的学术成果,连同鲜活的思想、创新的精神、严谨的学风,都为致力于学术研究的后来者树立了榜样。他们本着精益求精的精神,对论文进行了细致的修改完善,使之在具备科学性、前沿性的同时,更具系统性和可读性。

这套丛书涵盖清华众多学科,从论文的选题能够感受到作者们积极参与国家重大战略、社会发展问题、新兴产业创新等的研究热情,能够感受到作者们的国际视野和人文情怀。相信这些年轻作者们勇于承担学术创新重任的社会责任感能够感染和带动越来越多的博士生们,将论文书写在祖国的大地上。

祝愿丛书的作者们、读者们和所有从事学术研究的同行们在未来的道路上坚持梦想,百折不挠! 在服务国家、奉献社会和造福人类的事业中不断创新,做新时代的引领者。

相信每一位读者在阅读这一本本学术著作的时候,在吸取学术创新成果、享受学术之美的同时,能够将其中所蕴含的科学理性精神和学术奉献精神传播和发扬出去。

清华大学研究生院院长

2018 年 1 月 5 日

导师序言

　　当前,我国大气污染形势严峻。细颗粒物(PM$_{2.5}$)污染是我国面临的最严重的大气环境问题,对人体健康、居民的生产生活和区域气候造成了显著影响。PM$_{2.5}$由复杂的化学组分构成,不同化学组分的理化特征和形成机制差异显著,要对PM$_{2.5}$进行有效控制,必须科学认识不同化学组分的形成机制,并针对不同组分的特征制定有针对性的控制策略。然而,目前作为科学研究和政策制定核心手段的数值模式,对于PM$_{2.5}$化学组分的模拟尚存在不少问题,特别是对二次有机气溶胶(SOA)这一重要组分的浓度普遍存在数量级的低估,已成为国际上研究的热点和难点。此外,将数值模式应用于污染控制决策时,又面临着高额计算成本和排放-浓度非线性响应特征带来的严峻挑战。

　　针对上述问题,本书旨在探索对PM$_{2.5}$化学组成,特别是SOA进行数值模拟的有效方法,在此基础上,开发准确、快速、有效的PM$_{2.5}$组分浓度与前体物排放的非线性响应模型,为PM$_{2.5}$污染控制决策提供理论与技术支持。在SOA生成和演变中,传统前体物生成SOA的老化过程、一次有机气溶胶的老化过程以及中等挥发性有机物的氧化过程起着关键的作用,而这些过程在传统的数值模型中没有考虑或过于简化。本研究首次基于“二维挥发性区间”模型框架,根据烟雾箱实验数据提出了以上化学过程的参数化方案,将之应用于三维数值模型,从而显著改进了SOA浓度的模拟效果,并模拟出SOA氧化程度的时空分布,这对于回答SOA的形成机制具有重要意义。在此基础上,本研究基于大气化学和统计学响应面理论,开发了拓展的排放-浓度响应曲面模型,建立了多区域、多部门、多种污染物排放量与PM$_{2.5}$组分浓度的非线性快速响应关系,这一成果已应用于我国重点地区PM$_{2.5}$复合污染控制决策。

　　本书是我指导的博士生赵斌在读期间研究成果的概括和总结。我们所在的清华大学环境学院大气污染与控制研究所(以下简称“大气所”)长期开展大气复合污染形成机制和控制对策研究,此项研究是大气所在大气复合污染数值模拟研究方面取得的最新成果。为了扩大受众人群,我们在赵斌博士论文的基础上,做了进一步的补充、修改、审校,完成了本书,希冀本书能为我国大气污染防治领域的科研人员、管理人员和学生提供参考。

本研究是大气所与美国田纳西大学的 Joshua Fu 教授,美国卡耐基梅隆大学的 Neil M. Donahue 教授,国际系统分析研究所的 Markus Amann 博士、Zbigniew Klimont 博士、Janusz Cofala 博士,以及美国环保署的 Carey Jang 博士合作完成的,衷心感谢他们热情的支持和帮助。大气所的许嘉钰高工,北京大学黄晓锋教授,日本京都大学的 Yuzuru Matsuoka 教授,以及美国北卡罗来纳州立大学的 Yang Zhang 教授提供了重要的学术指导或实验数据,大气所的其他老师和同学在研究过程中给予了大量的帮助,在此一并表示感谢。本研究承蒙国家环保公益性项目、国家自然科学基金创新群体项目、"中科院灰霾专项"以及丰田汽车公司等资助,特此致谢。

大气复合污染数值模拟研究是目前环境科学研究的重点和难点,涉及众多复杂的问题,受研究条件和作者水平限制,书中难免存在诸多不足之处,恳请广大读者和同行专家指正。

郝吉明　王书肖

清华大学环境学院

2016 年 7 月

摘　要

我国正面临着严重的细颗粒物($PM_{2.5}$)导致的大气污染问题,而$PM_{2.5}$由复杂的化学组分构成,需根据不同组分的理化特征和形成机制制定科学有效的控制策略。本研究旨在探索对$PM_{2.5}$化学组成特别是有机气溶胶(OA)进行数值模拟的有效方法,并在此基础上建立城市群地区$PM_{2.5}$及其组分浓度与大气污染排放之间的快速响应关系,为$PM_{2.5}$控制决策提供理论与技术支持。

本研究利用二维挥发性区间(2D-VBS)箱式模型对二次有机气溶胶(SOA)生成实验进行了模拟,根据模拟结果提出了用于三维数值模拟的2D-VBS参数化方案。在此基础上建立了CMAQ/2D-VBS三维空气质量模拟系统,利用外场观测数据验证了模拟系统的可靠性。开发了拓展的响应表面模型(ERSM),利用ERSM技术建立了长三角地区$PM_{2.5}$及其组分浓度与多区域、多部门、多污染物排放量之间的非线性响应关系,解析了$PM_{2.5}$及其组分的来源,并开展了$PM_{2.5}$污染控制情景分析。

根据烟雾箱实验的模拟结果,研究提出对传统SOA前体物的第一级氧化反应进行直接模拟,并采用三层不同设置的2D-VBS分别模拟人为源SOA的老化过程、自然源SOA的老化过程和一次有机气溶胶(POA)/中等挥发性有机物(IVOC)的氧化过程。

基于这一设置建立的CMAQ/2D-VBS三维空气质量模拟系统显著改善了OA和SOA浓度的模拟结果,且对反映OA老化程度的氧碳比(O∶C)的模拟值与多数站点的观测值吻合良好。CMAQ/2D-VBS模拟结果表明,OA老化过程和IVOC氧化过程可使中国东部平均OA和SOA浓度分别增加42%和10.6倍。人为源非甲烷挥发性有机物(人为源NMVOC)、自然源非甲烷挥发性有机物(自然源NMVOC)、POA和IVOC对中国东部OA浓度的贡献分别为8.7%、5.4%、40.2%和45.7%。

本研究建立的ERSM技术可靠性高,适用于$PM_{2.5}$的多区域多污染物非线性来源解析。长三角地区$PM_{2.5}$浓度对一次无机$PM_{2.5}$排放最为敏感。

在前体物中,一年中的 1 月 $PM_{2.5}$ 浓度对氨(NH_3)的排放最为敏感,8 月时 $PM_{2.5}$ 浓度对各类前体物排放均比较敏感。$PM_{2.5}$ 对 NH_3 和氮氧化物(NO_x)排放的敏感性随减排率增大而明显增加。ERSM 技术可用于重点区域 $PM_{2.5}$ 污染控制的快速决策。

关键词: 细颗粒物;化学组分;有机气溶胶;2D-VBS;响应表面模型

Abstract

China is faced with severe fine particle ($PM_{2.5}$) pollution. $PM_{2.5}$ consists of complex chemical components. Effective control strategies should be developed considering different physicochemical characteristics and formation mechanisms of different chemical components. This study aims to improve the numerical simulation of the chemical components of $PM_{2.5}$, especially organic aerosol (OA). Based on the improved simulation results, this study assesses the real-time response of $PM_{2.5}$ and its chemical components to the emissions of air pollutants in city-clusters, thereby contributing to the decision-making of $PM_{2.5}$ pollution control.

In this study, we simulated a series of secondary organic aerosol (SOA) formation experiments using the state-of-the-art Two-Dimensional Volatility Basis Set (2D-VBS) box model, and based on the simulation results, proposed the parameterization of 2D-VBS for the application in three-dimensional air quality models. Then, we developed the CMAQ/2D -VBS three-dimensional air quality modeling system, and evaluated its simulation results against field measurements. In addition, we developed an Extended Response Surface Modeling (ERSM) technique, and based on this technique, assessed the nonlinear response of $PM_{2.5}$ and its chemical components to the emissions of multiple pollutants from multiple regions and sectors over the Yangtze River Delta region. Finally, we identified the sources of $PM_{2.5}$ and its major chemical components, and conducted scenario analysis for the control of $PM_{2.5}$ pollution with the ERSM technique.

The simulation results of the chamber experiments indicates that the first-generation oxidation of traditional SOA precursors should be treated explicitly, and three parallel layers of 2D-VBS with different configurations should be applied to simulate the aging of anthropogenic SOA, the aging of biogenic SOA, and the photo-oxidation of primary organic aerosol (POA)/intermediate volatility organic compounds(IVOC).

Based on the configuration above, the CMAQ/2D -VBS air quality modeling system significantly improved the simulation results of OA and SOA concentrations, and the simulated oxygen to carbon ratio($O : C$), which reflects the oxidation state of OA, agrees well with the observations in most sites. The simulation results of CMAQ/2D -VBS indicate that OA aging and IVOC oxidation together enhance the OA and SOA concentrations by 42% and 10.6 times, respectively. Anthropogenic non-methane volatile organic compounds (NMVOC), biogenic NMVOC, POA, and IVOC contributes 8.7%, 5.4%, 40.2%, and 45.7%, respectively, to the average OA concentrations in eastern China.

The ERSM technique developed in this study has a high accuracy, and can be applied for the nonlinear source apportionment of $PM_{2.5}$. In the Yangtze River Delta region, the $PM_{2.5}$ concentration is most sensitive to the emissions of primary inorganic $PM_{2.5}$. Among the precursors, in January, the $PM_{2.5}$ concentration is most sensitive to ammonia (NH_3) emissions; in August, the $PM_{2.5}$ concentration is sensitive to all the precursors considered. The sensitivities of $PM_{2.5}$ to NH_3 and nitrogen oxides (NO_x) increase significantly with the increase of reduction ratios. The ERSM technique is applicable for the rapid decision-making of $PM_{2.5}$ pollution control in major city-clusters.

Key words: $PM_{2.5}$; Chemical component; Organic aerosol; 2D -VBS; Response surface modeling

主要符号对照表

ADIFOR	Fortran 自动微分技术	automatic differentiation in Fortran
AMS	气溶胶质谱仪	aerosol mass spectrometer
API	空气污染指数	air pollution index
AVOC	人为源非甲烷挥发性有机物	anthropogenic non-methane volatile organic compounds
BAU	趋势照常	business as usual
BBOA	生物质燃烧有机气溶胶	biomass-burning organic aerosol
BC	炭黑	black carbon
BFM	强力法	brute force method
BVOC	自然源非甲烷挥发性有机物	biogenic non-methane volatile organic compounds
C^*	饱和蒸汽浓度	saturation vapor concentration
CO	一氧化碳	carbon monoxide
CO_2	二氧化碳	carbon dioxide
CNPG	碳原子数-极性网格	carbon number-polarity grid
DDM	直接非耦合方法	decoupled direct method
DM	直接法	direct method
DMA	差分电迁移率分析仪	differential mobility analyzer
DOC	柴油机氧化催化转化器	diesel oxidation catalyst
DPF	柴油车颗粒补集器	diesel particulate filter
EC	元素碳	elemental carbon
ERSM	扩展的响应表面模型	extended response surface modeling
FGOM	官能团氧化模型	functional group oxidation model
FID	火焰离子化检测器	flame ionization detector

GC-FID	气相色谱-火焰离子化检测器	gas chromatography with flame ionization detection
GC-MS	气相色谱-质谱联用	gas chromatography-mass spectrometry
GDP	国内生产总值	gross domestic product
GE	总误差	gross error
GFM	格林函数方法	Green function method
HDDM	高阶直接非耦合方法	high-order decoupled direct method
HOA	类烃有机气溶胶	hydrocarbon-like organic aerosol
HONO	亚硝酸	nitrous acid
HR-ToF-AMS	高分辨率飞行时间气溶胶质谱仪	high-resolution time-of-flight aerosol mass spectrometer
IGCC	整体煤气化联合循环	integrated gasification combined cycle
IOA	一致性指数	index of agreement
IVOC	中等挥发性有机物	intermediate volatility organic compounds
LCC	兰伯特投影	Lambert conformal conic projection
LHS	拉丁超立方采样	Latin hypercube sampling
LEV	低排放车辆	low emission vehicle
LV-OOA	低挥发性含氧有机气溶胶	low-volatility oxygenated organic aerosol
MaxNE	最大标准误差	maximum normalized error
MER	质量增加率	mass enhancement ratio
MFB	平均比例偏差	mean fractional bias
MFE	平均比例误差	mean fractional error
MLE-EBLUPs	最大似然估计-实验最佳线性无偏预测	maximum likelihood estimation-experimental best linear unbiased predictors
MNE	平均标准误差	mean normalized error
MUCHA-CHAS	多烟雾箱气溶胶化学老化实验	Multiple Chamber Aerosol Chemical Aging Study

NCAR	美国大气科学研究中心	National Center for Atmospheric Research
NCDC	美国气候数据中心	National Climatic Data Center
NCEP	美国国家环境预报中心	National Centers for Environmental Prediction
NE	标准误差	normalized error
NH_3	氨	ammonia
NMB	标准平均偏差	normalized mean bias
NME	标准平均误差	normalized mean error
NMOG	非甲烷有机气体	non-methane organic gas
NMVOC	非甲烷挥发性有机物	non-methane volatile organic compounds
NO_x	氮氧化物	nitric oxides
O_3	臭氧	ozone
O∶C	氧碳比	oxygen-to-carbon ratio
OA	有机气溶胶	organic aerosol
OC	有机碳	organic carbon
OM	有机组分	organic matter
PBL	行星边界层	planetary boundary layer
PC	可持续政策	sustainable policy
$PM_{2.5}$	细颗粒物	fine particle
PM_{10}	可吸入颗粒物	inhalable particle
PMF	正交矩阵因子分解	positive matrix factorization
POA	一次有机气溶胶	primary organic aerosol
POC	一次有机碳	primary organic carbon
PTR-MS	质子转移反应质谱	proton-transfer reaction mass spectrometer
Q-AMS	四极杆气溶胶质谱仪	quadrupole aerosol mass spectrometer
RMSE	均方根误差	root mean square error
RSM	响应表面模型	response surface modeling
SMPS	扫描电迁移率颗粒物粒径谱仪	scanning mobility particle sizer

SNA	硫酸盐-硝酸盐-铵盐	sulfate-nitrate-ammonium
SOC	二次有机碳	secondary organic carbon
SOM	统计性氧化模型	statistical oxidation model
SO₂	二氧化硫	sulfur dioxide
SOA	二次有机气溶胶	secondary organic aerosol
SV-OOA	半挥发性含氧有机气溶胶	semi-volatile oxygenated organic aerosol
SVOC	半挥发性有机物	semi-volatile organic compounds
TC	总碳	total carbon
TLEV	过渡低排放车辆	transitional low emission vehicle
TME	四甲基乙烯	tetramethylethylene
VBS	挥发性区间模型	volatility basis set
UCM	未分离复杂混合物	unresolved complex mixture
UDDS	城市台架测试循环	urban dynamometer driving schedule
ULEV	超低排放车辆	ultra low emission vehicle
USGS	美国地质调查局	United States Geological Survey

程序名列表

CALPUFF

CAMx   Comprehensive Air quality Model with Extensions

CMAQ   Community Multi-scale Air Quality Model

EKMA   Empirical Kinetics Modeling Approach

EMEP   European Monitoring and Evaluation Program

GAINS   Greenhouse Gas-Air Pollution Information and Simulation

GECKO-A   Generator of Explicit Chemistry and Kinetics of Organics in the Atmosphere

GEOS-Chem   Goddard Earth Observing System-Chemistry

GISS GCM II   Goddard Institute for Space Studies General Circulation Model II

ISC   Industrial Source Complex

MCIP   Meteorology-Chemistry Interface Processor

MCM   Master Chemical Mechanism

MEGAN   Model of Emissions of Gases and Aerosols from Nature

MM5   Fifth-Generation NCAR/Penn State Mesoscale Model

MPerK   MATLAB Parametric Empirical Kriging

PMCAMx   Particulate Matter Comprehensive Air Quality Model with Extensions

PTM   Photochemical Trajectory Model

RADM   Regional Acid Deposition Model

ROM   Regional Oxidant Model

UAM   Urban Airshed Model

WRF   Weather Research and Forecasting Model

WRF/Chem   Weather Research and Forecasting Model Coupled with Chemistry

目　录

第1章 引　言

1.1　研究背景

我国东部是全球大气细颗粒物(fine particle，PM$_{2.5}$)浓度最高的地区之一。根据卫星反演的结果,我国东部地区 2001—2010 年间平均 PM$_{2.5}$ 浓度达 50μg/m^3 以上,部分地区可达 100μg/m^3 或更高。2013 年,在我国按照《环境空气质量标准》(GB 3095—2012)开展监测的 74 个重点城市中,PM$_{2.5}$ 年均浓度范围为 26~160μg/m^3,平均浓度达 72μg/m^3,其中仅海口、舟山和拉萨三个城市达到年均浓度 35μg/m^3 的标准限值(http://jcs.mep.gov.cn/hjzl/zkgb/2013zkgb/201406/t20140605_276521.htm)。严重的细颗粒物污染导致中国东部地区 20 世纪 60 年代以来能见度持续下降[2],特别是近年来,灰霾天气频繁出现,给人们的生产生活带来了严重影响。PM$_{2.5}$ 对人体健康影响显著,研究表明,中国 2010 年有多达 123.4 万人因 PM$_{2.5}$ 超标的空气污染(本文简称为 PM$_{2.5}$ 污染)导致各种并发症,从而造成过早死亡[3,4]。PM$_{2.5}$ 还是全球气候变化的重要诱因[5]。

针对严峻的 PM$_{2.5}$ 污染形势,中国政府先后出台了一系列的大气污染控制政策。国务院在 2013 年 9 月公布《大气污染控制行动计划》(简称"国十条")中规定,截止到 2017 年,全国地级及以上城市可吸入颗粒物(inhalable particle，PM$_{10}$)浓度应相对于 2012 年下降 10% 以上;京津冀、长三角、珠三角等重点区域的 PM$_{2.5}$ 浓度分别比 2012 年下降 25%、20%、15% 左右,其中北京市 PM$_{2.5}$ 年均浓度应达到 60μg/m^3 左右[6]。该行动计划从总体目标、具体政策到保障措施的严格程度,都是前所未有的。可见,制定有效的 PM$_{2.5}$ 控制策略,已成为国家的重大战略需求。

PM$_{2.5}$ 由复杂的化学组分构成,主要的组分包括有机物(organic matter，OM)、元素碳(elemental carbon，EC)、无机离子(硫酸盐、硝酸盐、铵盐和其他离子)、土壤尘(Al、Si、Ca、Fe、Ti 等地壳元素的化合物)、微量元素和其他组分[7-9]。Yang 等人[7]归纳了我国部分监测站点的 PM$_{2.5}$ 浓度及其化学组成,如图 1.1 所示。从图中可以看出,对于多数站点,硫酸盐-硝酸盐-

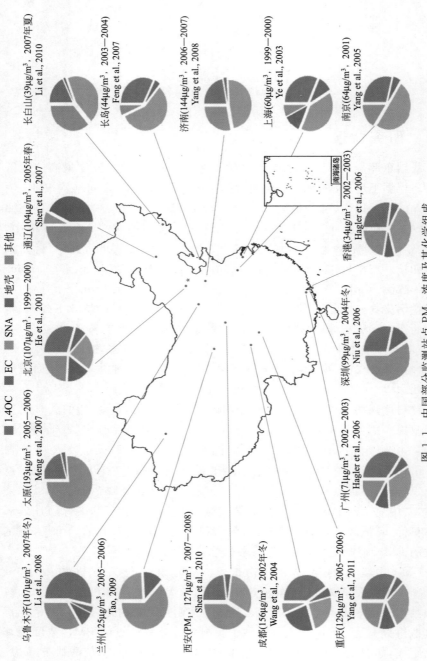

图 1.1　中国部分监测站点 PM$_{2.5}$ 浓度及其化学组成

（审图号：GS(2016)1595 号，有修改）

铵盐(sulfate-nitrate-ammonium，SNA)和 OM 是最重要的化学物种，其次是土壤尘和 EC。不同化学组分具有不同的物理化学性质，包括粒径分布、光学特性、吸湿性、反应活性、生命周期等[5,10,11]。各组分的生成机制也有显著差异。一般认为，一次 $PM_{2.5}$（包括 OM 中的一次组分、EC、土壤尘和其他一次组分）直接来源于污染源排放，在大气中仅经历了水平和垂直传输扩散作用、干湿沉降、气溶胶生长和碰并等物理过程，未发生明显的化学反应。而二次 $PM_{2.5}$（包括 OM 中的二次组分、SNA 等）是一次污染物从排放源释放到大气后，经过传输扩散作用、气相化学转化作用、云雾液相过程、气溶胶生长平衡及碰并过程，以及干湿沉降等物理化学过程的共同作用而生成的，如图 1.2 所示[10-12]。在二次 $PM_{2.5}$ 中，有机组分和无机组分的主要前体物和形成机制也有显著差异[10,11]。只有在科学认识不同化学组分形成机制的基础上，针对不同组分的特征制定针对性的控制策略，才能有效地解决 $PM_{2.5}$ 污染问题。

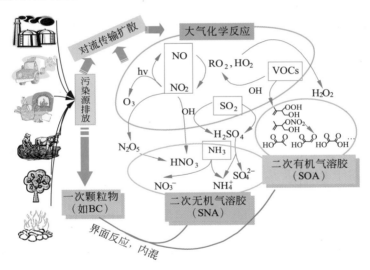

图 1.2　$PM_{2.5}$ 主要化学组分形成过程示意图[12]

空气质量模式可以重现大气物理化学过程，建立污染物减排与环境效果间的关系，是大气污染物控制决策的核心工具[13]。空气质量模式被广泛地应用于 $PM_{2.5}$ 及其化学组成的数值模拟，根据模拟结果，可分析典型污染过程的成因[14-16]，解析各污染源对 $PM_{2.5}$ 浓度的贡献[17-19]，评估污染控制措施的环境效果等[20-22]。然而，由于科学认识或模拟方法的局限，空气质量模式的化学机制仍存在不完善之处[23-26]，从而影响了对 $PM_{2.5}$ 来源的科学解析和对控制措施效果的准确评估。因此，对 $PM_{2.5}$ 的化学组成进行准确模拟具有重要意义。

除模拟系统的准确性外，高昂的计算成本是将模式应用于 $PM_{2.5}$ 控制决策的又一阻碍。随着模式的更新换代，模拟系统的复杂性显著提高，导致计算成本的膨胀；而控制决策需要对不同区域、不同部门、不同污染物的大量减排情景进行评估比较，传统的逐一评估方法往往面临效率低下的困境。解决这一问题的根本，在于建立 $PM_{2.5}$ 及其组分浓度与污染物排放之间的快速响应模型。该响应模型需满足三方面的要求，即准确、快速、有效。首先要求该响应模型误差小，能够准确地刻画排放-浓度响应的非线性特征；其次要求对于给定的减排情景，能够快速评估其对 $PM_{2.5}$ 浓度的影响，克服复杂模型计算的高额时间成本；再次，对于涉及不同区域、不同部门、不同污染物、不同减排幅度的众多控制情景，应均能有效地评估其环境效果。

综上所述，改进 $PM_{2.5}$ 化学组成模拟技术，并在此基础上开发准确、快速、有效的排放-浓度响应关系建立方法，对于科学认识 $PM_{2.5}$ 的形成机制，制定经济有效的污染控制措施，都具有重要意义。

1.2　细颗粒物化学组成的数值模拟

1.2.1　细颗粒物化学组成模拟概述

空气质量模式自 20 世纪 60 年代起步以来，经过了三代模式的演变[12,13]，对于 $PM_{2.5}$ 及其化学组成的模拟方法也相应发生了显著变化。第一代模式是以高斯模式为基础衍生出来的一系列空气质量模式，如 ISC（Industrial Source Complex）、EKMA（Empirical Kinetics Modeling Approach）、CALPUFF（http://www.src.com/calpuff/calpuff1.htm）等，其主要特征是结构简单，没有或仅有简单的化学反应模块[13]。第二代模式中，化学反应模块得到了显著的改进，但一般是为模拟光化学污染或酸沉降等"单一污染问题"而开发的，缺少各大气污染过程之间的耦合[12]。第二代模式的代表有 UAM（Urban Airshed Model）、RADM（Regional Acid Deposition Model）、ROM（Regional Oxidant Model）和 EMEP（European Monitoring and Evaluation Program）等。可以看出，第一代和第二代模型缺乏详细的 $PM_{2.5}$ 化学生成机制，因此难以对 $PM_{2.5}$ 的化学组成进行模拟，或只能进行粗略的模拟。

　　第三代空气质量模式以"一个大气"为核心思想,将多种污染物的全部化学过程囊括在统一的模型框架内,使得模式可以同时模拟光化学过程、二次颗粒物生成、酸沉降、重金属污染等多种污染现象。目前常用的第三代模式包括 CMAQ(Community Multi-scale Air Quality Model)、WRF/Chem(Weather Research and Forecasting Model Coupled with Chemistry)、CAMx(Comprehensive Air quality Model with Extensions)和 GEOS-Chem(Goddard Earth Observing System-Chemistry)等。目前,空气质量模型的进一步开发和改进异常活跃,主要的开发和改进方向包括模式化学机制的不断完善[26,27],污染物的在线排放[14,28],气象-化学的双向耦合[29,30]等。此外,将空气质量模式耦合进包括了大气、陆地、水体、生物等多个圈层的地球系统模式中[31],也是重要的研究方向。

　　对 $PM_{2.5}$ 的化学组成进行系统的模拟是伴随着第三代空气质量模式的开发而展开的。目前这方面的模拟研究非常多,不可能逐一进行总结。本节针对目前广泛应用的空气质量模式,选取近期(2007 年及以后)模拟时段较长(针对国外的研究 2 个月以上,针对中国的研究 1 个月以上)的研究进行总结,且主要选择同时对多种化学组分进行模拟和校验的研究,从而归纳目前模式对 $PM_{2.5}$ 化学组成的总体模拟效果及存在的问题。而对于一些特殊污染过程(如沙尘过程、生物质燃烧过程等)的模拟研究,则未列入本节总结的范围。表 1-1 总结了近期代表性的 $PM_{2.5}$ 化学组成模拟研究,这些研究大都将 NO_3^-、SO_4^{2-}、NH_4^+、EC、有机碳(organic carbon,OC)或 OM 等主要 $PM_{2.5}$ 化学组分的模拟结果与观测数据进行了比对。CMAQ 是这些研究中应用最多的模型,其次是 CAMx(或 PMCAMx)和 WRF/Chem;针对美国区域的研究最多,但也有多项研究针对中国及其重点地区。

表 1-1　近期 $PM_{2.5}$ 化学组成模拟研究总结

文献	模型	污染物	模拟时段	模拟区域
Karydis 等[44]	PMCAMx	$PM_{2.5}$、NO_3^-、SO_4^{2-}、NH_4^+、EC、OC、TC^a	2001 年 7 月、10 月、2002 年 1 月、4 月	美国东部
Appel 等[43]	CMAQ	$PM_{2.5}$、NO_3^-、SO_4^{2-}、NH_4^+、EC、OC、TC	2001 年全年	美国东部
Chen 等[45]	CMAQ	$PM_{2.5}$、NO_3^-、SO_4^{2-}、NH_4^+、EC、OC	2004 年 8—11 月	美国西北部

续表

文献	模型	污染物	模拟时段	模拟区域
Wu 等[38]	CMAQ	$PM_{2.5}$、NO_3^-、SO_4^{2-}、NH_4^+、EC、OC	2002 年全年	美国北卡罗来纳州
Matsui 等[39]	CMAQ 和 WRF/Chem	$PM_{2.5}$、NO_3^-、SO_4^{2-}、NH_4^+、EC、POC[b]、SOC[c]	2006 年 8—9 月	北京及周边
Marmur 等[40]	CMAQ	$PM_{2.5}$、NO_3^-、SO_4^{2-}、NH_4^+、EC、OC	2000 年和 2001 年全年	美国东南部
Zhang 等[46]	CMAQ	$PM_{2.5}$、NO_3^-、SO_4^{2-}、NH_4^+、EC、OC	2001 年全年	美国大陆
Appel 等[32]	CMAQ	$PM_{2.5}$、NO_3^-、SO_4^{2-}、NH_4^+、TC	2006 年 1 月、8 月	美国东部
Foley 等[41]	CMAQ	$PM_{2.5}$、NO_3^-、SO_4^{2-}、NH_4^+、EC、OC、TC	2006 年 1 月、8 月	美国东部
Kwok 等[33]	CMAQ	$PM_{2.5}$、NO_3^-、SO_4^{2-}、NH_4^+、EC、OC	2004 年 1 月、4 月、7 月、10 月	珠江三角洲
Liu 等[34]	CMAQ	$PM_{2.5}$、NO_3^-、SO_4^{2-}、NH_4^+、EC、OM	2002 年 1 月、6—8 月	美国北卡罗来纳州
Wang 等[35]	CMAQ	$PM_{2.5}$、NO_3^-、SO_4^{2-}、NH_4^+、EC、OC	2005 年全年	中国
Tuccella 等[36]	WRF/Chem	$PM_{2.5}$、NO_3^-、SO_4^{2-}、NH_4^+、EC、OM	2007 年全年	欧洲
Wang 等[49]	GEOS-Chem	NO_3^-、SO_4^{2-}、NH_4^+	2006 年全年	中国
Zhang 等[42]	CMAQ 和 CAMx	$PM_{2.5}$、NO_3^-、SO_4^{2-}、NH_4^+、EC、OC、TC	2002 年 1 月、7 月	美国东南部
Gao 等[37]	WRF/Chem	$PM_{2.5}$、NO_3^-、SO_4^{2-}、NH_4^+、EC、OC	2007 年 11 月— 2008 年 12 月	东亚
Zhang 等[47]	CMAQ	$PM_{2.5}$、NO_3^-、SO_4^{2-}、NH_4^+、EC、OC	2000—2006 年	美国东部
Yahya 等[48]	WRF/Chem-MADRID	$PM_{2.5}$、NO_3^-、SO_4^{2-}、NH_4^+、EC、OC、TC	2009—2011 年共 3 个春夏季（5—9 月）和 3 个冬季（12 月—次年 2 月）	美国东南部

a. TC,total carbon,总碳,相当于 EC＋OC；b. POC,primary organic carbon,一次有机碳；c. SOC,secondary organic carbon,二次有机碳。

　　不同研究的模拟结果既存在明显的差异,又有一定的相似性。多数模型可以总体上模拟出 $PM_{2.5}$ 浓度的时空变化趋势,从年均浓度(或代表性月份的平均浓度)来看,模拟结果或有所低估[32-37],或基本吻合[38-42],或有所高估[43-48],这三类情况在数量上不相上下。从季节分布上看,各模型也有一定的差异,但一个普遍的规律是,模型在冬季往往有所高估(或低估较少),在夏季则有一定低估[32-34,38,41-44,46,47]。$PM_{2.5}$ 的模拟误差是所有化学组分模拟误差的综合效果,有时虽然 $PM_{2.5}$ 总浓度误差较小,但这实际上是不同组分正负误差互相抵消的结果,因此对 $PM_{2.5}$ 化学组成的模拟结果进行评估,才能更好地评价模型的实际模拟效果。

　　对于 SNA,模型可以在总体上模拟出 NO_3^-、SO_4^{2-} 和 NH_4^+ 的浓度范围,但不同研究的模拟结果,以及同一研究对不同季节的模拟结果往往有明显的差异。不少研究结果表明,模型对 NO_3^- 浓度有一定高估,对 SO_4^{2-} 浓度有一定低估或基本吻合[35-37,39,40,49];还有部分研究对 NO_3^- 和 SO_4^{2-} 浓度在部分季节高估,在部分季节低估[34,38,42-44,46-47];另有部分研究对 NO_3^- 和 SO_4^{2-} 浓度在各季节均有一定甚至较大低估[32,33,41,45,48]。

　　EC 主要来源于一次排放。综合各研究的结果来看,模型可以在总体上模拟出 EC 的浓度范围,但由于 EC 浓度受局地源影响较大,不同模型的模拟结果有较明显的差异。有的模型有所低估[33,35,36,38,40,41,43,46,48],有的模型有所高估[39,44,45],有的模型在不同季节或高或低而均值基本吻合[37,42,47]。

　　对于 OC,多数模型有一定的低估,甚至有较大低估[33-38,40-45,47]。特别是在夏季,经常出现严重低估[33,34,38,40-45,47];而在冬季,低估程度则相对较小,部分模型还会有所高估[33-34,38,41-44,47]。众多研究均指出,模型对 OC 浓度低估的原因,主要是模型对二次有机气溶胶(secondary organic aerosol,SOA)生成的显著低估[35-37,39,41-43,46,47]。由于从有机气溶胶(organic aerosol,OA)中区分出 SOA 或需采用较先进的分析手段,或需采用经验性方法进行估算,因此,常规观测数据中一般不包含 SOA,本节列出的研究也一般未将 SOA 的模拟结果与观测数据进行对比。但近年来,一些研究[23,25,50,51]将 SOA 的模拟结果与观测数据进行对比,进一步证实了上述结论,即目前广泛应用的空气质量模式对 SOA 浓度有显著低估。即便是部分研究高估了冬季的 OC 浓度,也一般是对一次有机气溶胶(primary organic aerosol,POA)高估和对 SOA 低估的综合效果所致[39]。模型对 SOA 浓度的显著低估,是目前空气质量模式在 $PM_{2.5}$ 化学组成模拟上存在的最突出的问题,因此,1.2.2节和1.2.3节中将对OA的数值模拟进行详细讨论。

另外,部分研究结果[41,43]表明,模型常常对$PM_{2.5}$中未区分物种的组分的浓度有所高估,这是导致部分模型对$PM_{2.5}$浓度高估的原因之一。

1.2.2 OA的传统模拟方法

OA是$PM_{2.5}$最重要的化学组分之一,占$PM_{2.5}$质量浓度的20%~90%[52],而SOA占OA浓度的20%~80%[53]。传统的大气化学一般认为POA是不挥发的,而且是不具有反应活性的,因此,本节主要讨论SOA的模拟方法。SOA的传统模拟方法主要有化学机理模型和产率模型两大类。

1.2.2.1 化学机理模型

化学机理模型,即对每种前体物、产物和每步化学反应进行直接模拟。代表性的化学机理模型有MCM(Master Chemical Mechanism)[54-56],NCAR Master Mechanism[57,58],以及GECKO-A (Generator of Explicit Chemistry and Kinetics of Organics in the Atmosphere)[59,60]。

MCM[54-56]由英国利兹大学开发,截至2015年7月最新的版本是MCMv3.3。该模型基于最新的大气化学实验结果,用一种近乎直接的方式,详细描述了142种非甲烷挥发性有机物(non-methane volatile organic compounds,NMVOC)的降解过程,其中包含了18种芳香族有机物和4种自然源有机物。NCAR Master Mechanism[57,58]由美国国家大气科学研究中心(National Center for Atmospheric Research,NCAR)开发,其原理与MCM相似,但由于开发时间较早,其包含的物种数量相对较少,仅包含了C8以下的烷烃、C4以下的烯烃、C8以下的芳香烃以及异戊二烯、α-蒎烯两种自然源有机物。

与上述两种机制有所不同的是,GECKO-A[59,60]设计了一个程序核心,该程序核心根据一定的原则,选择脂肪族化合物每步反应的路径和产物,并根据"结构-活性关系"计算每步反应的反应速率。这样,对于给定的前体物,该程序可以从第一步反应开始,一直追踪到反应物最终氧化为CO或CO_2。

化学机理模型开发的最初目的多是对NMVOC生成臭氧的过程进行详细的模拟,从而为臭氧污染控制决策提供支持,但近年来也逐渐用于SOA生成的模拟。Johnson等人[61]将MCMv3.1植入到拉格朗日轨迹模式 PTM(Photochemical Trajectory Model)中,对 2003 年夏季英国南部某站点的 SOA 浓度进行了模拟。结果表明,该模拟严重低估了观测的 SOA 浓度,只有将分配系数增大 500 倍,模拟结果才能与观测结果相吻合。Lee-Taylor 等人[62]利用 GECKO-A 箱式模型,对 2006 年 3 月墨西哥城的 SOA 浓度进行了模拟。该研究中直接模拟的前体物包括 C3～C10 的烷烃、烯烃和较小的芳香烃。结果表明,这些直接模拟的物种仅能解释不足 25% 的 SOA 浓度。该研究还尝试将 C10～C25 的烷烃假设为单一物种经验性地加入到模式中,发现模拟结果得到显著的改善,但该假设本身已经超出了"化学机理模型"的范畴。总体来说,化学机理模型用于 SOA 生成的模拟还具有很大的局限性。一方面,这种方法需要以大量的烟雾箱实验结果作为依据,而目前相关的实验结果还远不能满足要求,因此这类模型目前大多只能模拟一部分前体物的部分氧化过程,模拟结果与观测数据仍存在很大差异。另一方面,由于模型直接地模拟每一步化学反应,运算量巨大,目前仍不可能在三维网格模式中进行应用。

1.2.2.2　产率模型

气溶胶产率定义为气溶胶生成量与前体物消耗量的比值:

$$Y = \frac{\Delta C_{OA}}{\Delta HC} \tag{1-1}$$

其中,$\Delta HC(\mu g/m^3)$ 表示前体物 NMVOC 的消耗量;$\Delta C_{OA}(\mu g/m^3)$ 是反应生成的 OA 的量。

产率模型是利用数学统计方法对烟雾箱实验结果进行拟合,进而用来模拟大气中 SOA 的生成的方法。产率模型的理论基础是 Pankow 等人[63,64]发展的气相-颗粒相吸收分配模型,这一模型考虑了前体物在气相的氧化和气粒分配过程,能够科学地解释气溶胶产率随着颗粒相浓度的增加而显著增加的现象。模型认为气相氧化形成的不同产物因相对产量和挥发性的不同具有不同的分配性能,但都是通过吸收分配到颗粒相中。该模型的基本假设是气相与颗粒相之间是瞬间平衡的,考虑到一般气粒平衡所需的时间尺度,该假设在多数情况下是合理的[65];但最近的研究指出,该假设在一些情况下不成立,例如在黏性颗粒物中扩散速度较慢[66],在颗粒物生长过程中难以达到平衡[67]等。

最常用的产率模型是 Odum 等人[68]提出的双产物模型,该模型用一种或两种半挥发性物质替代前体物氧化生成的所有产物,如式(1-2)所示。

$$Y = \sum_i \alpha_i \left(\frac{1}{1 + C_i^* / C_{OA}} \right) \qquad (1\text{-}2)$$

其中,α_i 是基于质量的反应产物 i 的化学计量系数;C_i^* ($\mu g/m^3$) 是反应产物 i 的饱和蒸汽浓度;C_{OA} ($\mu g/m^3$) 是反应生成的 OA 的浓度。两种产物分别有 α_i 和 C_i^* 两个参数,共 4 个参数,通过对烟雾箱实验结果进行数学拟合的方法予以确定。

双产物模型自提出以来,得到了广泛的应用,成为目前空气质量模型中应用最广泛的方法。例如,CMAQ[23]、CAMx 或 PMCAMx[44]、WRF/Chem[37]、GISS GCM Ⅱ (Goddard Institute for Space Studies General Circulation Model Ⅱ)[69] 中均采用了双产物模型模拟 SOA 的生成;在 1.2.1 节总结的研究中,也几乎都采用了双产物模型。然而,与观测数据的对比结果表明[23,25,50,51],几乎所有采用双产物模型的模拟结果,都显著低估了大气中观测的 SOA 浓度,模拟值有时仅为实测值的几十分之一。

除双产物模型外,近年来还发展出了挥发性区间模型 (Volatility Basis Set, VBS)[70]。VBS 的基本原理是定义一组具有特定饱和蒸汽浓度 (saturation vapor concentration, C^*) 的、以 10 的倍数分隔的"挥发性区间"。每组区间即表示一组"替代产物",用以代表前体物氧化生成的所有产物。与双产物模型类似,采用数学拟合的方法,确定反应产物分配到每个挥发性区间的比例,也即每种替代产物的化学计量系数。与双产物模型相比,由于模型中的"替代产物"具有固定的挥发性,因此数值上更加稳定。特别是在较低的 OA 浓度下,VBS 能够比双产物模型更准确地模拟 OA 的产率[70,71]。需要特别指出的是,本节中讲到的 VBS,仅仅是一种对烟雾箱实验结果进行数学拟合的方式,因此将其归入产率模型的范畴;不少研究在 VBS 的框架内还模拟了 OA 的老化过程,这就超出了本节讨论的范围,将在 1.2.3 节进行讨论。

已有不少研究利用 VBS 产率模型模拟大气中的 SOA 浓度。Lane 等人[72] 总结了最新的烟雾箱实验结果,并采用一组四区间的 VBS ($C^* = 1$, 10, 100, 1000 $\mu g/m^3$) 进行了拟合,得到了各模型机制物种的 VBS 产率参数。Lane 等人[73] 和 Murphy 等人[74] 在此基础上,加入了 NO_x 的影响,得到了高 NO_x 和低 NO_x 两组不同的 VBS 产率参数。由于 VBS 产率模型与双产物模型本质上都是对烟雾箱实验结果进行拟合,因此两者的结果具有较好的可比性[72]。因此,与双产物模型类似,VBS 产率模型同样低估了大气中观测的 SOA 浓度,特别是城区的 SOA 浓度[73,74]。

1.2.3 OA 老化过程和中等挥发性有机物氧化过程的数值模拟

从 1.2.2 节可以看出,传统的模拟方法,包括化学机理模型和产率模型对 SOA 的浓度普遍明显低估。此外,传统模拟方法不能或只能部分模拟出 OA 在大气中的演化过程,特别是不能模拟出大气中 OA 较高的氧化程度[75]。近年来,国际上对于 SOA 生成机制的研究异常活跃,人们对 SOA 生成机制的认识也有了很大的进步,特别是以下三个方面的新发现,从体系上颠覆了人们对 OA 演化过程的认识。

(1) 传统前体物生成 SOA 的老化过程。在发现较低挥发性的 SOA 前体物前,人们认为 SOA 是由 NMVOC 氧化生成的半挥发性物质分配到颗粒相中生成的[10],因此将可生成 SOA 的 NMVOC 物种称为 SOA 的传统前体物。对 NMVOC 生成 SOA 过程的研究已经积累了大量烟雾箱实验结果,但由于烟雾箱实验时间尺度较短,往往难以观测到 SOA 的老化过程,或只能观测到开始阶段的老化过程。近年研究表明,SOA 的老化过程可使 SOA 浓度增加 2.5~4 倍甚至更多[65]。此外,老化过程可使 SOA 的化学性质不断演化,逐渐接近大气中观测到的"高氧化态、低挥发性"的特征[75]。

(2) POA 的老化过程。传统的大气化学认为 POA 是不挥发且不具有反应活性的。但近年研究表明,有一部分 POA 实际上是半挥发性有机物(semi-volatile organic compounds,SVOC)。SVOC 一般定义为常温下饱和蒸汽浓度为 $0.1 \sim 1000 \mu g/m^3$ 的有机物。一部分 SVOC 在高浓度的烟道内以颗粒态的形式存在,经过大气稀释后可转化为气态,经过大气氧化后,其挥发性可进一步降低,重新生成颗粒物,这可能是大气中 SOA 的重要来源[76]。

(3) 中等挥发性有机物(intermediate volatility organic compounds,IVOC)氧化生成 SOA 的过程。IVOC 一般指的是常温下饱和蒸汽浓度为 $1000 \mu g/m^3 \sim 10^6 \mu g/m^3$ 的有机物,大致相当于 C10~C20 的烷烃[77]。这部分物质虽在一般测试条件下主要以气态存在,但传统的气相色谱-质谱联用(gas chromatography-mass spectrometry,GC-MS)难以将其分离检出,而是报告为未分离复杂混合物(unresolved complex mixture,UCM),因此,这部分物质在排放清单中是长期缺失的。Jathar 等人[78]根据一系列烟雾箱实验估算表明,UCM 对 SOA 浓度的贡献高达近 85%,其中 5%~65%的 UCM 是 POA 挥发的产物,剩下的部分主要是 IVOC。Tkacik 等人[77]根据烟雾箱实验结果估算表明,柴油车尾气中的 IVOC 生成的 SOA 可达苯系物的近 4 倍。

以上三个过程具有一个共同点:不管传统 NMVOC 生成的 SOA,还是 POA、IVOC,都在不断地经历多级氧化过程,每一组物质的氧化反应都不仅可以导致 SOA 浓度的变化,还能导致 SOA 挥发性、氧化态等性质的持续演进。同时,这三个过程都是传统的模型方法中所没有涉及或仅部分涉及的,也是本文的研究重点。在本研究中,我们将传统前体物生成 SOA 的老化过程和 POA 的老化过程合称为 OA 老化过程。

目前对于 OA 老化过程和 IVOC 氧化过程的模拟还很不成熟。接下来从模型方法和模型参数化方案两个方面综述现有的研究工作。

1.2.3.1　模型方法

最早提出的 OA 老化过程和 IVOC 氧化过程模拟方法是 VBS,由 Donahue 等人[70]在 2006 年提出。在 1.2.2.2 节中,已对 VBS 的概念进行介绍,但在该节中,VBS 仅仅是作为一种对烟雾箱实验进行拟合的方法。实际上,VBS 更重要的功能是模拟 OA 老化过程,这是 VBS 与传统 SOA 模拟方法的区别所在。为与下文的二维挥发性区间模型(2D-VBS)区别,本文将普通的 VBS 称为一维挥发性区间模型(1D-VBS)。如前所述,1D-VBS 定义了一组具有特定 C^* 的,以 10 的倍数分隔的"挥发性区间"。传统前体物生成的 SOA,以及 POA、IVOC 都可以映射到这一组区间中。氧化反应的效果是导致有机物从高挥发性区间向低挥发性区间移动。因此,只要给定反应物的挥发性分布、反应速率系数以及每步反应导致的挥发性改变幅度,就可以对 OA 老化过程和 IVOC 氧化过程进行模拟。该模型结构简单,因此在三维数值模拟中得到了广泛的应用[72,74,76,79-86]。目前,1D-VBS 已经被加入到 CAMx[72,74,76,79,81,83]、WRF/Chem[80,84]、CMAQ[82]、GISS GCM Ⅱ[85]、CHIMERE[86]等空气质量模式中;应用的区域包括全球[85]、美国[72,74,76,79,80,82,83]和墨西哥城[81,84,86]等。1D-VBS 不仅被用于模拟传统前体物生成 SOA 的老化过程[72,74,79-82,84,85],而且也用于模拟 POA 的老化过程和 IVOC 氧化生成 SOA 的过程[74,76,79,81-84,86]。研究结果表明,考虑 POA 的老化和 IVOC 氧化生成 SOA 的过程,总体上可改善 SOA 浓度的模拟结果,特别是有助于模拟出城乡间 OA 的浓度梯度[74,76,81-82,84,86]。利用 1D-VBS 模拟人为源 NMVOC 生成 SOA 的老化过程,总体上也有助于改善 SOA 浓度的低估现象;但如果同时加入人为源和自然源的老化机制,常常会高估实测的 OA 浓度,特别是在农村地区高估明显。这主要是因为 1D-

VBS 只考虑了官能团化（functionalization）而未考虑裂解（fragmentation），因此高估了老化的实际效果[74,79,80,85]。因此，在一些研究中，仅假设人为源 SOA 的老化而不考虑自然源 SOA 的老化[74,79,85]。

虽然 1D-VBS 得到了广泛应用，但也存在明显的不足。1D-VBS 假设同一挥发性区间内的所有有机物具有类似的化学性质，但实际上，同一挥发性区间内的有机物组成十分多样，性质可能差别很大。比如说，较长链的烷烃和较短链的醛可能位于同一区间，但其反应速率和反应路径迥异。除此之外，1D-VBS 适用于模拟有机物的官能团化过程，而难以模拟裂解的过程。为克服上述缺陷，自 2009 年以来，多种模型框架先后诞生。它们共同的特点是，同时根据两种特性对有机物进行分类，从而形成一个二维的网格空间，假设每个网格内的有机物具有相似的化学性质。与 1D-VBS 相比，每个网格内有机物化学性质的差异明显减小，这不仅降低了模型的不确定性，而且在模拟 OA 浓度的同时，还可以对 OA 的氧化态、吸湿性等化学性质进行模拟。目前，已经提出的二维 SOA 模型包括 2D-VBS，碳原子数-极性网格（carbon number-polarity grid，CNPG）、碳-氧化态模拟框架（carbon-oxidation state framework）、统计性氧化模型（statistical oxidation model，SOM）和官能团氧化模型（functional group oxidation model，FGOM），在下文中将分别进行介绍。

2D-VBS 由 Jimenez 等人[75]和 Donahue 等人[87,88]提出。2D-VBS 在 1D-VBS 的基础上，增加了氧化态（或氧碳比，后文称为 O：C）作为第二个维度，同时根据这两个维度对有机物进行分类。根据化学热力学的原理，由挥发性和氧化态可推算每个"网格"内有机物的平均元素构成和平均活度系数等性质。氧化反应的结果是有机物的质量在不同网格之间传递。模型考虑了官能团化和裂解两种反应路径：官能团化使得有机物向低挥发性、高氧化态的方向转变；裂解是碳键发生断裂，生成较小的分子。相对于其他的二维 SOA 模型，2D-VBS 的优势在于，挥发性和氧化态这两个指标都是可以直接测量的，因此，可以很方便地将源排放的有机物或 NMVOC 的氧化产物分配到 2D-VBS 中，也可以很方便地用观测数据对模拟结果进行校验。

CNPG 模型由 Pankow 等人[89]提出。该模型的两个维度分别是碳原子数和极性，选择这两个指标是因为它们不受温度等外界条件的影响，属于有机物自身固有的性质。理论上，根据这两个指标可推算有机物的其他化学性质（如挥发性、摩尔质量、活度系数等）。假设具有相同碳原子数和极性的有机物具有相同的化学性质，通过有机物在各个网格之间的移动，模拟有机物在大气中的氧化反应。

碳-氧化态模拟框架[90]与 2D-VBS 和 CNPG 类似,其两个维度分别是碳原子数和氧化态。

SOM 由 Cappa 等人[91] 提出。该模型以碳原子数和氧原子数作为两个维度对有机物进行归类。与前述的几种二维 SOA 模型相比,该模型的特点是将每步反应的氧原子增加数、增加一个氧原子导致的挥发性降低量以及官能团化和裂解的相对比例作为可调试的参数,通过对烟雾箱实验回归予以确定。因此,对于每种前体物,可以通过对烟雾箱实验的回归,确定一组属于该前体物的参数,这一点继承了传统产率模型的优点。这一做法的缺点在于,通过回归得到的参数可能仅仅是数学上的吻合,其代表的物理化学过程未必与实际情况相符。

FGOM 由 Zhang 等人[92] 提出。该模型的两个维度分别是碳原子数和官能团种类,根据这两个指标推算挥发性、元素构成等其他性质。该模型的原理与 SOM 类似,均通过对烟雾箱实验数据的回归确定模型中的待定参数。该模型的特点是直接追踪每步反应导致的官能团的变化,而这一信息来自化学机理模型(如 MCM、GECKO-A 等),换句话说,该模型可看作简化版的化学机理模型。该模型的缺点是,由于需追踪官能团的变化,该模型对实验数据的依赖性很强。

以上二维 SOA 模型理论上有相似之处,又各有特点。总体来说,CNPG、碳-氧化态模拟框架、SOM 和 FGOM 还都处于理论开发或示范性应用阶段。例如,Cappa 等人[91] 将 SOM 用于模拟 α-蒎烯和十五烷氧化生成 SOA 的过程。Zhang 等人[93] 利用 SOM 模拟烟雾箱气态物质壁效应的影响。Zhang 等人[92] 利用 FGOM 模拟了 4 种 C12 烷烃生成 SOA 的过程,并与 SOM 的模拟结果进行了比较。

2D-VBS 是目前应用最多的二维 SOA 模型,也是唯一已用于模拟实际大气中 SOA 浓度的二维 SOA 模型。如前所述,2D-VBS 的两个维度都可以直接通过观测得到,因此易于获得输入数据,模拟结果也易于校验,这是 2D-VBS 能获得较多应用的主因。Donahue 等人[65] 利用 2D-VBS 对多烟雾箱气溶胶化学老化实验(Multiple Chamber Aerosol Chemical Aging Study,MUCHACHAS)烟雾箱实验的结果进行了模拟。MUCHACHAS 实验首先用臭氧氧化 α-蒎烯得到稳定的一级氧化产物,然后加入 OH① 开

---

①   为简化表达,本书中以 OH 代表氢氧自由基(·OH)。

始老化反应,从而将第一级反应与后续老化反应分离。模拟结果表明,2D-VBS 可以大致模拟出通入 OH 后 SOA 浓度和 O∶C 的增加趋势。Chen 等人[94]对一组 α-蒎烯氧化实验进行了模拟,结果表明,2D-VBS 可以在误差范围内模拟出 OA 浓度和 O∶C 的数值,不过模拟得到的 O∶C 随 OH 暴露量增加的速率与实测结果有差异。Chacon-Madrid 等人[95]利用 2D-VBS 模拟了一组挥发性相近的直链含氧化合物(烷烃、醇、醛、酮)的光氧化实验。结果表明,如果对第一级氧化反应进行直接模拟,而用 2D-VBS 模拟后续的老化反应,可以用同样的 2D-VBS 模型配置模拟出这组前体物的 SOA 产率。除模拟烟雾箱实验外,Murphy 等人[96,97]还将 2D-VBS 植入到一个一维拉格朗日模型中,用于模拟几个外场观测时段的 SOA 浓度。研究测试了几种不同的模型配置,结果表明,对于某些特定的模型配置,模型可以大致模拟出观测的 OA 浓度,但对 O∶C 的模拟结果始终偏低。到目前为止,2D-VBS 尚未在三维空气质量模型中得到应用。

1.2.3.2 模型参数化方案

1.2.3.1 节介绍的 OA 老化过程和 IVOC 氧化过程的模拟方法,实际上都是"模型框架",每个模型框架中都有一组待定的参数,而每一组参数的取值,都代表着一种具体的"化学机制"。因此,研究合理、可靠的模型参数化方案,与构建模型框架具有同等重要的意义。如前所述,在 1.2.3.1 节所有的模型方法中,只有 1D-VBS 和 2D-VBS 被用于实际大气中 SOA 的模拟,因此,本节只讨论这两种模型参数化方案的研究现状。

Robinson 等人[76]利用 1D-VBS 模拟了柴油车尾气 POA/IVOC 的氧化过程,得到了能够较好重现实验结果的模型参数。采用类似的方法,Grieshop 等人[98]模拟了生物质燃烧烟气 POA/IVOC 的氧化过程,得到了适宜的 1D-VBS 模型参数。1.2.3.1 节提到,1D-VBS 已被广泛植入三维空气质量模型,用于实际大气中 POA/IVOC 氧化过程的模拟,但其模型参数主要基于以上少数几组实验结果,或在此基础上进行经验性调整。1D-VBS 也被广泛应用于模拟传统前体物生成 SOA 的老化过程,但其模型参数均是经验性的给定,未曾利用烟雾箱实验结果进行验证。

对于 2D-VBS,如上节所述,目前仅有 Murphy 等人[96,97]将 2D-VBS 用于实际大气环境中 SOA 的模拟。该研究中采用的模型参数或基于经验确定,或简单沿用了 Donahue 等人[65]模拟 α-蒎烯 SOA 老化实验中使用的参数。即便是对于烟雾箱实验的模拟研究,目前也只局限于 α-蒎烯和直链含氧化合物，且后者并不是主要的 SOA 前体物。是否能用同一套模型参数模拟所有传统前体物生成 SOA 的老化过程，还有待研究。此外，2D-VBS 尚未用于 POA/IVOC 氧化实验的模拟，适用于该过程的 2D-VBS 参数化方案也有待进一步研究。

　　综上所述，目前已开展大量 PM$_{2.5}$ 及其化学组成的模拟研究，但空气质量模型对 SOA 浓度普遍明显低估。OA 老化过程（传统前体物生成 SOA 的老化过程、POA 的老化过程）和 IVOC 氧化过程是导致模拟与观测结果差异的重要原因，但目前对于上述过程的模拟还很不成熟。1D-VBS 对有机物的分类过于粗糙，且无法模拟 OA 氧化状态的演变过程；以 2D-VBS 为代表的二维 SOA 模型在理论上克服了上述缺陷，但目前尚未用于三维空气质量模拟。此外，OA 老化过程和 IVOC 氧化过程的模型参数或基于经验确定，或仅根据单一排放源的烟雾箱实验结果确定，存在很大的主观性和不确定性。

1.3　细颗粒物与大气污染排放的快速响应关系

　　在对 PM$_{2.5}$ 及其化学组成进行准确模拟的基础上，构建 PM$_{2.5}$ 及其组分浓度与大气污染物排放的快速响应关系，是开展准确、快速、有效的 PM$_{2.5}$ 污染控制决策的关键。目前，源排放-环境浓度快速响应关系的建模方法主要有敏感性分析方法和数学统计方法两大类。

1.3.1　敏感性分析

　　敏感性分析方法，本质上就是计算环境浓度对污染物排放量的微商/导数。此类方法中，最常用的是强力法（brute force method，BFM）[16,18,22,99]。强力法是在基准情景的基础上，每次改变一组污染源的排放量，重新用空气质量模型计算环境浓度，计算结果与基准情景之差，即排放量变化的环境影响。与之类似的一种方法叫做"置零法"[100]，该方法是每次将一类源排放关停，关停与未关停时环境浓度之差，即为该排放源的环境影响。这两种方法的优点是简单、易操作，但区域 PM$_{2.5}$ 控制决策往往需要比较大量的污染控制情景，该方法就难以满足决策效率的要求。此外，这两种方法对基准情景的选择十分敏感，特别是在源排放与环境浓度的响应关系呈现高度非线性的情况下，该方法难以准确、全面地反映环境浓度随排放量变化的特征。

　　针对 BFM 效率低下的缺点，此前研究开发了多种内置于空气质量模型中的敏感性分析方法,以同时计算环境浓度对多个变量的敏感性。例如,Hwang 等人[101] 和 Carmichael 等人[102] 分别将格林函数方法(Green function method,GFM)和 Fortran 自动微分技术(automatic differentiation in Fortran,ADIFOR)植入到空气质量模式中,用于评估环境浓度对排放量等参数的敏感性。Dickerson 等人[103] 开发了直接法(direct method,DM),该方法将敏感性方程与原模型的核心方程一起求解,直接求得所需的敏感性参数。Dunker 等人[104] 在 DM 的基础上开发了直接非耦合方法(decoupled direct method,DDM),并应用于三维空气质量模型中[105]。与DM 相比,该方法去除了敏感性方程与原模型核心方程之间的耦合,因此当需求解的敏感性参数较多时,运算效率明显提高,且受计算噪声的影响明显减小。除此之外,伴随敏感性分析法(简称伴随法,adjoint sensitivity analysis)[106,107] 也是一种常用的敏感性分析方法。它的计算思想与上述DM 和 DDM 正好相反,如果说 DM 和 DDM 是同时计算多个因变量对一个自变量的敏感性参数,伴随法则是同时求算一个因变量对多个自变量的敏感性参数,因此对于自变量个数比较多的情形有优势。以上方法克服了强力法效率低下的缺点,但是这些方法只能计算一阶敏感性参数,无法反映出排放-浓度响应关系的非线性特征,因此无法应用于排放量变化较大的情形。

针对这一问题,Hakami 等人[108] 对 DDM 技术进行了改进,开发了高阶直接非耦合方法(high-order decoupled direct method,HDDM)。针对臭氧的模拟结果表明,该方法对排放-浓度非线性响应的解析能力,相对于 DDM 有了明显的改进。Zhang 等人[109] 将 HDDM 技术用于三维空气质量模型中 $PM_{2.5}$ 浓度的敏感性分析,解析了美国一个冬季污染过程中 $PM_{2.5}$ 对各污染物排放的敏感性。类似地,Sandu 等人[110] 把离散二阶伴随法(discrete second order adjoints)植入到空气质量模型中,使得伴随法也能在一定程度上解析出排放-浓度响应的非线性特征。然而,上述方法本质上仍然是局部(而非全局)敏感性分析方法,当排放量变化幅度相当大(如大于 50% ~60%)时,在理论上仍然是不适用的。数值模拟结果也表明,对于 50%~60% 以上的减排幅度,HDDM 可产生较大的预测误差[111],而这样的减排幅度,对于中国这样的发展中国家是很常见的[112,113]。最近的研究[111,114] 尝试着在几种不同的排放量下分别进行 HDDM 模拟,然后用类似"分段函数"的方法得到排放量全局变化时环境浓度的响应关系。但是,该方法只能适用于 2~3 个变量的情形。更重要的是,上面这些内置于空气质量模型中的敏感性分析方法有一个共同的缺点,即难以预测多个(超过 3 个)排放源的排放量同时变化时环境浓度的响应。

1.3.2 数学统计方法

数学统计方法是利用统计学的方法,对复杂空气质量模式的模拟结果进行统计归纳,建立源排放-环境浓度的快速响应关系;换句话说,数学统计方法实际上是复杂空气质量模式的"简化模式"。与敏感性分析的方法相比,数学统计方法对各种复杂模式都适用,不受模式物理化学机制的影响,十分方便决策者使用,且克服了在排放量变化幅度大的时候无法适用的问题。

Milford 等人[115]和 Fu 等人[116]利用复杂模式,模拟了一系列 NMVOC 和 NO_x 的减排组合下臭氧的浓度,并据此得到了一组类似于 EKMA 曲线的臭氧浓度等值线,从而可以直观地得到 NMVOC 和 NO_x 排放量变化对臭氧浓度的影响。但是,这种方法只能适用于 2~3 个变量。

为解析多个污染源、多种污染物的影响,不少研究将一些更复杂的数学统计方法应用于排放-浓度响应关系的构建。其中,一些研究直接构建了排放-浓度之间的解析方程[117-120]。例如,Heyes 等人[117]对欧洲每个国家分别采用 EMEP 模型模拟了一系列控制情景下的臭氧浓度,然后假设不同国家排放的贡献可以线性叠加,从而建立了臭氧浓度与前体物排放量之间的解析方程。Amann 等人[119]利用类似的方法,建立了欧洲区域平均和城区 $PM_{2.5}$ 浓度与各区域各污染物排放量之间的解析方程,该方程应用于 GAINS(Greenhouse gas-Air pollution INformation and Simulation)模型中控制策略的优化。此外,一些研究通过类神经模糊[120]、神经网络[121]或模糊规则挖掘[122]等方法,总结二次污染物与前体物排放之间的非线性响应规律,并利用一定数量的空气质量模型模拟结果,得到排放-浓度的响应关系。然而,Xing 等人[12]的研究表明,在城市群地区,由于排放-浓度响应关系的非线性强,只有采用四阶或更高阶的方程,才能重现出响应关系的非线性特征,这在很大程度上限制了上述方法的可行性和准确性。

1.3.3 响应表面模型

响应表面模型(response surface modeling,RSM)是数学统计方法的一种,它是基于三维空气质量模型和统计学响应曲面理论,建立一次污染物排放与环境效应的非线性响应的模拟技术。RSM 技术的可靠性高,对二次污染物浓度的预测结果与直接基于空气质量模型的模拟结果吻合良好[12]。

此外,RSM 技术克服了敏感性分析方法和传统数学统计方法的缺陷,可以很好地解析出排放-浓度响应的非线性特征,而且可以刻画出前体物排放量连续变化时(特别是大幅度变化时)二次污染物浓度的响应关系[12,123]。

最早将 RSM 技术应用于排放-浓度响应关系建立的是美国环保署。在2004—2006 年间,美国环保署利用 RSM 技术建立了美国区域臭氧[124]和颗粒物[125]浓度对 10~20 个排放源的非线性响应关系,用于臭氧的来源解析和颗粒物空气质量标准的制定。具体方法是,首先设计上百个分区域分部门的污染控制情景,然后采用三维空气质量模式计算模拟结果,进而利用多维克里金插值法(multi-dimensional Kriging)进行统计归纳,最终建立二次污染物浓度与一次污染物排放的快速响应关系。

邢佳等人[12]首次将 RSM 方法应用到了中国,对控制变量数目、边缘加密程度、采样方法等重要模型设置进行了更加系统的测试。该研究表明,美国环保署建立 RSM 的研究中包含的控制变量过多,计算结果的误差大、可靠性较低。采用更可靠的实验参数,该研究建立了中国重点区域和城市(北京、上海、广州)臭氧、$PM_{2.5}$ 和 SNA 浓度与前体物排放量之间的响应关系,并利用多种方法系统地校验了 RSM 技术的可靠性。在确保 RSM 技术准确可靠的基础上,该研究探索了 RSM 技术在几个方面的应用:一方面,利用RSM 技术解析了本地/外区域各污染物排放对臭氧[126]和 $PM_{2.5}$[19]浓度的贡献;另一方面,根据臭氧或细粒子对前体物排放量变化敏感性的不同,提出采用"臭氧峰值率"和"硝酸盐弯曲率"这两个指标,分别对臭氧化学和颗粒物化学的特征进行了有效表征,为二次污染物的有效控制提供了科学支持。

随着控制变量数的增加,建立 RSM 所需的情景数量将以 4 次方或以上的速度增长[127],因此,当控制变量数量较多时(例如解析多个区域污染物排放的贡献),建模所需的情景数可轻易达到 $10^4 \sim 10^5$ 量级,这是当前的计算能力所不能实现的。因此,邢佳等人[12]探索了多区域 RSM 建模方法(为与上文中普通的 RSM 区分,本文将普通的 RSM 称为"传统 RSM 技术"),其基本思路是将源区域前体物排放对目标区域 $PM_{2.5}$ 浓度的贡献分解为两部分,第一部分为前体物传输到目标区域并在目标区域生成 $PM_{2.5}$,第二部分为在源区域生成的 $PM_{2.5}$ 传输到目标区域。但是,该方法仅依赖单个区域排放量变化的情景构建 RSM,且对于前体物传输的假设过于简化,因此在区域间相互影响显著的城市群地区无法适用;此外,上述方法不能区分不同部门的贡献。因此,在区域间相互影响显著的城市群地区,建立$PM_{2.5}$ 及其组分浓度与多区域、多部门物、多污染物排放的非线性响应模型,是目前面临的一个科学难题。

　　综上所述,目前源排放-环境浓度快速响应关系的建模方法,主要有敏感性分析方法和数学统计方法两大类。敏感性分析方法对于基准情景的选取十分敏感,且难以对排放量大幅变化或多个排放源的排放量同时变化时 $PM_{2.5}$ 浓度的变化进行准确预测。数学统计方法克服了上述缺陷,但此前大部分数学统计算法不适用于我国排放-浓度响应关系显著偏离线性的情况。RSM 可以有效地解析排放-浓度响应的非线性特征,但目前的建模方法在区域间相互影响显著的城市群地区无法适用,且不能区分不同部门的贡献,制约了其在重点区域联防联控决策中的应用。

1.4　研究目的、意义和内容

1.4.1　研究目的和意义

　　我国是世界上 $PM_{2.5}$ 浓度最高的国家之一,制定有效的 $PM_{2.5}$ 控制策略,已成为国家的重大战略需求。$PM_{2.5}$ 由复杂的化学组分构成,根据不同组分的理化特征和形成机制制定有针对性的控制措施,才能有效地解决 $PM_{2.5}$ 污染问题。对 $PM_{2.5}$ 及其化学组成进行准确的模拟,并在此基础上建立准确的 $PM_{2.5}$ 及组分浓度与前体物排放的快速响应关系,对于科学认识 $PM_{2.5}$ 的形成机制,制定经济有效的污染控制措施,具有重要意义。

　　目前全球已开展大量对 $PM_{2.5}$ 及其化学组成的模拟研究,但空气质量模型对 SOA 浓度普遍明显低估。OA 老化过程和 IVOC 氧化过程是导致模拟与观测结果差异的重要原因,但目前对于该过程的模拟还处于起步阶段,现有三维模型对有机物的分类过于简单,且模型参数存在很大的不确定性。在排放-浓度响应关系的建立方面,现有建模方法或者不适用于排放量大幅削减、多个排放源的排放量同时变化的情况,或者不适用于城市群排放-浓度间关系非线性比较强、各区域间相互影响显著的情况。

　　本研究旨在探索在三维空气质量模式中对 $PM_{2.5}$ 化学组成,特别是有机气溶胶进行模拟的有效方法,改善目前空气质量模式对 SOA 浓度显著低估的问题。在此基础上,开发城市群地区 $PM_{2.5}$ 及组分浓度与前体物排放的非线性响应模型,为 $PM_{2.5}$ 污染控制决策提供理论与技术支持。

1.4.2　研究内容与技术路线

　　本论文主要包括以下三部分研究内容:

（1）二次有机气溶胶生成实验的数值模拟（第 2 章）

利用 2D-VBS 箱式模型对一系列传统前体物生成 SOA 的老化实验和稀释烟气氧化实验进行模拟。通过比较不同的模型配置，并对主要参数的敏感性进行评估，提出用于三维数值模拟的 2D-VBS 参数化方案。

（2）大气环境中有机气溶胶的数值模拟（第 3 章）

将 2D-VBS 箱式模型植入到三维空气质量模型 CMAQ 中，开发 CMAQ/2D-VBS 空气质量模拟系统。建立中国高分辨率排放清单，利用上述模型系统对中国 $PM_{2.5}$ 的化学组成特别是 OA 进行模拟，并利用观测数据对模拟结果进行校验。根据模拟结果评估 OA 老化过程和 IVOC 氧化过程对 $PM_{2.5}$ 污染的影响。对影响模拟结果的主要因素的敏感性进行评估，提出未来模型改进的建议。

（3）$PM_{2.5}$ 及其组分浓度与污染物排放的非线性响应关系（第 4 章）

开发扩展的响应表面模型（extended response surface modeling，ERSM）。基于 ERSM 技术建立长三角地区 $PM_{2.5}$ 及其组分浓度与多个区域、多个部门、多种污染物排放量之间的非线性响应关系。通过与空气质量模式模拟结果和与传统 RSM 的预测结果进行比较，校验 ERSM 的可靠性。利用 ERSM 技术解析 $PM_{2.5}$ 及主要化学组分的来源，并开展 $PM_{2.5}$ 污染控制情景分析。

本研究的技术路线如图 1.3 所示。

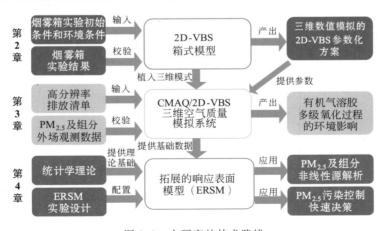

图 1.3 本研究的技术路线

第 2 章　二次有机气溶胶生成实验的数值模拟

本章利用 2D-VBS 箱式模型对一系列传统前体物生成 SOA 的老化实验和稀释烟气氧化实验进行模拟。比较几种不同的模型配置,并对主要参数的敏感性进行评估,在此基础上,提出用于三维数值模拟的 2D-VBS 参数化方案。

2.1　二维挥发性区间模型

2D-VBS 模型框架最早由 Donahue 及其同事[75,87,88]提出,是模拟 OA 在大气中演变过程的有效工具。在 2D-VBS 的框架下,可以同时对传统前体物、IVOC 和 POA 的多级氧化反应进行模拟。目前,2D-VBS 已经被植入到箱式模型[65,95]和一维拉格朗日模型[96,97,128]中,用于模拟 SOA 的浓度和氧化状态。

2D-VBS 是在 1D-VBS 的基础上开发的。1D-VBS 仅依据挥发性(即饱和蒸汽浓度,C^*)对有机物进行分类;2D-VBS 在 1D-VBS 的基础上,增加了 O:C 或氧化态作为第二个维度,从而构成了一个二维网格,并假设每个"网格"内的有机物具有相似的化学性质。2D-VBS 有完善的热力学基础[87],根据热力学理论可建立分子的平均元素组成(碳、氢、氧的原子数)、平均活度系数等性质与 C^* 和 O:C 的关系。

与传统的产率模型一样,2D-VBS 的气粒分配计算依据的是气相-颗粒相吸收分配模型[63,64],如式(2-1)所示:

$$\xi_i = (1 + C_i^*/C_{\mathrm{OA}})^{-1}, \qquad C_{\mathrm{OA}} = \sum^i \xi_i C_i \tag{2-1}$$

其中,i 表示一个具有特定 C^* 和 O:C 的"网格";ξ_i 表示该"网格"颗粒相的比例;$C_i(\mu\mathrm{g/m^3})$ 表示该"网格"气相和颗粒相的总浓度;$C_i^*(\mu\mathrm{g/m^3})$ 是 i 的饱和蒸汽浓度;$C_{\mathrm{OA}}(\mu\mathrm{g/m^3})$ 是有机气溶胶的总浓度。该模型的基本假设是气态与颗粒态之间存在瞬间平衡,一般情况下,颗粒物可在 10000s 之内达到平衡,这与氧化反应的时间尺度相当[65],所以在大气环境中,分配平衡的假设可认为是成立的。

2D-VBS 实际上是一个"模型框架",有多个待定参数,每一组参数的取值,代表一种特定的"化学机制"。2D-VBS 中的化学机制,实际上是描述一个"网格"内的有机物,如何通过氧化反应,传递到其他的网格中去。大气氧化反应的氧化剂有 OH、O_3、NO_3 等,其中最重要的是 OH。目前 2D-VBS 中,仅考虑了 OH 相关的氧化反应。在实际应用中往往对重要前体物的第一级氧化进行单独模拟,将其第一级氧化产物输入到 2D-VBS 中,因此,O_3、NO_3 与前体物的第一级反应实际上是可以考虑到的。此外,由于 O_3 和 NO_3 主要与双键反应,而在第一级及更高级的氧化产物中带双键的物质很少,因此,可以认为在 2D-VBS 中忽略 O_3 和 NO_3 的氧化反应对模拟结果影响很小。有机物可同时发生气相(均相)氧化反应和颗粒相(非均相)氧化反应。由于非均相反应受到扩散速率的制约,其反应速率明显慢于气相反应。不同粒径的颗粒物,非均相反应与气相反应的相对速率不同。目前的模型中未考虑粒径分布,而是采用统一的非均相反应系数。根据典型的 $200\sim400nm$ 颗粒物的微物理计算,非均相反应的速率系数比气相反应小一个数量级左右。

不管是气相还是非均相反应,模型都考虑了两种不同的反应路径,即官能团化(functionalization)和裂解(fragmentation)。官能团化得到的是具有相同碳原子数,但 O∶C 更高的产物;裂解意味着碳键发生断裂,得到至少两种碳原子数较少的产物。这两种反应路径描述的反应物和产物都是稳定的分子;虽然绝大多数大气化学反应都是自由基反应,但自由基作为反应中间产物,未在 2D-VBS 中被直接描述。在模拟反应过程时,2D-VBS 会完整地追踪碳原子的去向,确保碳原子数守恒,而氧原子数、氢原子数以及 OM/OC,则可以根据产物在二维网格内的分布以及各网格的平均元素构成进行计算。

对于官能团化这一路径,模型假设一步 OH 氧化反应可使 C^* 降低 $1\sim6$ 个数量级,同时增加 $1\sim3$ 个氧原子。这一假设的依据之一是"基团贡献算法(group contribution method)",这一算法实际上是建立了官能团增加数目与 C^* 降低量之间的关系,是 2D-VBS 的化学热力学基础。另一依据是一个标准化的模型,即每级氧化反应最可能增加一个—OH 基团(使 C^* 降低约 2.5 个量级)和一个=O 基团(使 C^* 降低约 1 个量级);围绕这个平均值有一个分布,即有的产物—OH 较多而=O 较少,有的产物=O 较多而—OH 较少,有的产物增加 3 个氧原子,而有的只增加了 1 个氧原子,等等。上述官能团化的差异影响着产物的挥发性和 O∶C,因此形成了 2D-VBS 空间中的产物分布。图 2.1(a)以 $C^* = 10\mu g/m^3$、O∶C=0.5 这个网格为例,给出了一个官能团化产物分布的示意。该 2D-VBS 中,$\lg[C^*/(\mu g \cdot m^{-3})]$ 范围是 $-5\sim9$,以 1 递增;O∶C 的范围是 $0\sim1$,以 0.1 递增。从图中可以看出,产率最大的网格,大致对应着增加一个—OH 基团和一个═O 基团的情形,围绕产率最大的网格,形成了产物的分布。2D-VBS 的一个重要假设

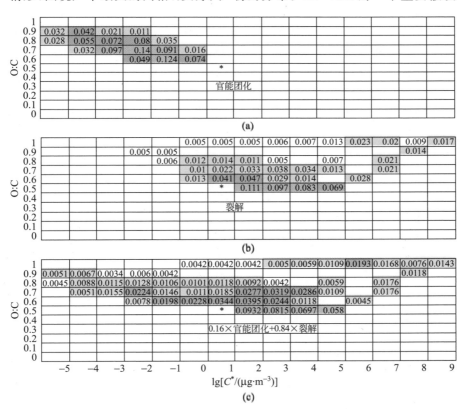

图 2.1　2D-VBS 中官能团化和裂解反应路径示意

(a) 官能团化路径;(b) 裂解路径;(c) 两者的权重加和

图中的数字表示的是 $C^* = 10\mu g/m^3$、O∶C=0.5 网格(标 * 网格)的有机物经过一步氧化反应,产生的所有产物所占的比例(以碳计),在图(a)、(b)中,产率大于 0.08 的标以红色,大于 0.04 的标以蓝色,大于 0.01 的标以橄榄绿,在图(c)中,上述临界值分别是 0.04、0.02 和 0.005。对于图中所示的网格,裂解率为 84%,因此(c)图中的产率根据 0.16×官能团化+0.84×裂解来计算。本图修改自 Donahue 等人[65]。

是所有网格中的有机物均发生类似的化学反应,即每步反应的官能团增加数和挥发性降低量类似。反应产物在 C^* 维度上的分布是比较固定的,而在 O:C 网格上的分布则与反应物所在网格有关。换句话说,反应物碳原子数越多,增加同样的氧原子数,在 O:C 维度上移动的格数就越少。而如上文所述,各个网格有机物的平均元素构成,均可以根据热力学原理由 C^* 和 O:C 推算得到。

对于裂解过程,可以假设碳键的断裂位置是随机的,因此,裂解的产物会形成 $C_1 \sim C_{n-1}$(n 为反应物的碳原子数)之间的平均摩尔分布,相应的质量分布则是向大分子一侧倾斜的三角分布。对应到 2D-VBS 中,假设裂解的产物会分布到所有大于前体物的 C^* 范围,不同 C^* 值的产率分布服从上述三角分布,仍以 $C^* = 10\mu g/m^3$、O:C=0.5 这个网格为例,$C^* = 100\mu g/m^3$ 的网格产率最大,$C^* = 10^9 \mu g/m^3$ 的网格产率最小。对于产物的 O:C,一般分子越小,O:C 越大,例如 CO、CH_2O 等小分子有很高的 O:C。因此,模型假设 C^* 较低的一半产物的 O:C 与反应物相同,而对于 C^* 较高的一半产物,O:C 则从反应物的 O:C 逐渐增大到 2D-VBS 中的最大值(图 2.1 中为 1.0)。

一般而言,裂解不会产生两个稳定的分子。从概率上讲,大约一半的裂解产物是自由基,这些自由基会立即发生官能团化,这使得裂解的产物分布更加复杂。如图 2.1(b)所示,裂解产物广泛分布在一个很大的范围内,部分产物的 C^* 甚至低于反应物,这就是裂解产生的自由基立即发生官能团化的结果。

除模拟官能团化和裂解的产物外,还需对两者的比例进行参数化。关于裂解所占比例的实验结果还较少,但可以确定的是,随着分子含氧量的增加,裂解的比例会越来越大,因此,过去的研究一般将裂解比例与 O:C 挂钩,常见的参数化方法包括 $\beta = k(O:C)$,$\beta = (O:C)^f$ 等。

2.2 传统前体物生成 SOA 的老化实验的数值模拟

2.2.1 SOA 老化实验

如前所述,在发现较低挥发性的 SOA 前体物前,人们认为 SOA 是由 NMVOC 氧化生成的半挥发性物质分配到颗粒相中生成的[10],因此习惯上将可生成 SOA 的 NMVOC 称为 SOA 的传统前体物。可生成 SOA 的前体物很多,只能选择代表性物质进行研究。根据此前的研究结果,比较重要的人为源 SOA 前体物主要包括烷烃和芳香烃,而甲苯是芳香烃中排放量最大的化合物[129,130]。α-蒎烯的排放量在自然源 SOA 前体物中仅次于异戊二烯,且 SOA 产率高,因此是重要的自然源 SOA 前体物[131]。本研究选择甲苯和 α-蒎烯两种前体物,分别作为人为源和自然源 NMVOC 的代表。关于甲苯和 α-蒎烯的代表性,将在 2.2.6 节中进行更多讨论。

　　甲苯和 α-蒎烯在化学性质上存在根本性的差异,α-蒎烯分子中存在双键,因此可与臭氧反应,并在发生几级自由基反应后形成稳定的产物,这样就可以与后续的老化反应分离开来,本研究模拟的 α-蒎烯 SOA 老化实验就是通过这种方式分离出老化过程的。而对于甲苯,分离第一级氧化反应跟后续的老化反应几乎是不可能的,因此,本研究模拟的甲苯 SOA 老化实验,主要是通过改变 OH 的暴露量,改变第一级反应与后续老化反应的相对比例。下面将对本研究模拟的甲苯和 α-蒎烯老化实验进行简要描述,更详细的描述请参见报道这些实验的原始文献[65,132,133]。

　　Hildebrandt Ruiz 等人[132]在卡耐基梅隆大学 12m³ 的特氟龙烟雾箱中,开展了一组甲苯光氧化实验。各实验的具体流程有所差别,这组实验的基本流程是:首先在烟雾箱中通入清洁空气,然后注入甲苯和亚硝酸(HONO),打开紫外光使 HONO 光解生成 OH,OH 氧化甲苯生成 SOA。本研究中模拟了 Hildebrandt Ruiz 等人[132]报道的实验 2 和实验 9,这两个实验设计的氧化剂暴露量相差很大,但实验流程和其他外部条件很相似,符合研究老化过程的需要。其他的几组实验大多旨在研究其他因素而非老化过程的影响,因此本研究未进行模拟。这两个实验都包括了两次光氧化过程,即在第一次光化学反应趋于结束时,关闭紫外光;稳定一段时间后,再次注入 HONO,打开紫外光,开始第二阶段的光氧化;OH 消耗完后,再次关闭紫外光,稳定一段时间后结束实验。实验 2 初始甲苯浓度较高(约 200ppb①)而 HONO 注入量较少(每次注入一份 HONO,每份 HONO 是将 12ml 0.10mol/L 的亚硝酸钠溶液滴入 24ml 0.05mol/L 的硫酸溶液生成的),实验 9 初始甲苯浓度较低(≈100ppb)但 HONO 注入量较多(每次注入三份 HONO),因此,实验 9 的氧化剂暴露量明显大于实验 2。实验 9 加入了 $(NH_4)_2SO_4$ 种子,实验 2 未使用种子。实验采用质子转移反应质谱(proton-transfer reaction mass spectrometer,PTR-MS)监测甲苯的实时浓

---

　　①　1ppb$=10^{-9}$。

度,用于反算 OH 的实时浓度;采用扫描电迁移率颗粒物粒径谱仪 (scanning mobility particle sizer,SMPS)监测颗粒物的粒径分布和体积浓度;采用高分辨率飞行时间气溶胶质谱仪(high-resolution time-of-flight aerosol mass spectrometer,HR-ToF-AMS)监测实时的颗粒物质量浓度和元素构成(用于计算 O∶C)。

　　Ng 等人[133]在加州理工学院 28m³ 的特氟龙烟雾箱中,开展了一组甲苯光氧化实验。归纳起来,共开展了 4 组高 NO_x 实验(实验 a～d)和 4 组低 NO_x 实验(实验 e～h),见表 2-1。高 NO_x 实验中 OH 来自 HONO 光解,还注入了额外的 NO,使 NO_x 总浓度达到约 1ppm①;低 NO_x 实验中 OH 源是 H_2O_2,背景 NO_x 浓度低于 1ppb。四个高 NO_x 实验(或低 NO_x 实验)的主要差别是甲苯初始浓度不同,进而导致甲苯反应量(ΔC_{prec})不同。所有实验都使用了$(NH_4)_2SO_4$种子。实验采用气相色谱-火焰离子化检测器(hewlett packard gas chromatograph with flame ionization detection,GC-FID)监测甲苯浓度;采用差分电迁移率分析仪(differential mobility analyzer,DMA)与凝结核计数器(condensation nucleus counter)的组合来监测气溶胶的粒径分布和体积浓度;通过 DMA 监测的体积浓度与四极杆气溶胶质谱仪 (quadrupole aerosol mass spectrometer,Q-AMS)监测的质量浓度比较,得到 SOA 的密度。

表 2-1　Ng 等人[133]开展的甲苯光氧化实验信息汇总

编号	高/低 NO_x	温度/K	相对湿度/%	NO 浓度/ppb	NO_2 浓度/ppb	ΔC_{prec}
a	高	298	3.8	421	524	30.1
b	高	298	4.4	373	568	50.7
c	高	298	4.3	414	532	56.7
d	高	298	4.9	388	559	80.2
e	低	298	5.2	—	—	10.0
f	低	298	5.9	—	—	23.8
g	低	297	6.8	—	—	32.1
h	低	297	6.2	—	—	63.9

注:实验中所用种子为$(NH_4)_2SO_4$。

————————————

① 1ppm=10^{-6}。

Donahue 等人[65]开展了一项名为 MUCHACHAS 的 α-蒎烯 SOA 老化实验。该研究首先让 α-蒎烯和 O_3 在烟雾箱中发生一级氧化反应,待 α-蒎烯全部消耗后,注入 OH,发生老化反应,从而将第一级氧化反应与后续的老化反应分离开。为减少因烟雾箱壁效应、光源和烟雾箱尺寸导致的系统误差,研究在 4 个差异显著的烟雾箱中开展了平行实验,4 个烟雾箱包括 CMU、PSI、AIDA、SAPHIR,其具体信息请参见 Donahue 等人[65]的报道。烟雾箱的材质包括特氟龙(SAPHIR、PSI、CMU)和铝质(AIDA),容积有大型(SAPHIR、AIDA)和中型(PSI、CMU)。实验中采用了几种不同的 OH 源,包括 HONO 光解(SAPHIR、PSI、CMU)和四甲基乙烯(tetramethylethylene,TME)与 O_3 反应(CMU、AIDA),从而得到不同的 OH 浓度和高 NO_x 或低 NO_x 环境。α-蒎烯 SOA 老化实验的基本信息汇总在表 2-2 中。所有实验都配有 PTR-MS、SMPS 和气溶胶质谱仪(aerosol mass spectrometer,AMS),分别监测 α-蒎烯浓度、气溶胶体积浓度和质量浓度。PSI 和 AIDA 两个烟雾箱配有 HR-ToF-AMS 监测气溶胶的 O:C。

表 2-2　Donahue 等人[65]开展的 α-蒎烯光氧化实验信息汇总

编号	OH 源	烟雾箱	烟雾箱容积/m^3	烟雾箱材质	α-蒎烯初始浓度/$(\mu g \cdot m^{-3})$	OH 估算浓度①/cm^{-3}
PSI NO.1	HONO 光解	PSI	27	特氟龙	255	5×10^6
PSI NO.2	HONO 光解	PSI	27	特氟龙	252	5×10^6
CMU NO.1	TME+O_3	CMU	12	特氟龙	176	2×10^6
CMU NO.2	HONO 光解	CMU	12	特氟龙	145	1.5×10^7
AIDA	TME+O_3	AIDA	84.5	铝质	202	3.5×10^6
SAPHIR	HONO 在自然光下光解	SAPHIR	270	特氟龙	147	1.6×10^6

最后需要说明的是,Hildebrandt Ruiz 等人[132]和 Ng 等人[133]的实验中,用于跟模拟结果比较的 SOA 实测浓度已经经过烟雾箱壁效应的修正,而在 Donahue 等人[65]的实验中,则未经过修正。因此,本研究在模型中模拟了 Donahue 等人[65]实验的壁效应。

---

① 本书中 OH 浓度均以单位体积内 OH 分子数计算。

2.2.2　模型设置

本研究旨在采用 2D-VBS 模拟 SOA 的老化过程,但同时也采用了几种传统的模拟方法作为对比。归纳起来,本研究采用的模型可分为三类:

（1）三种基于烟雾箱实验数学拟合的模型配置（即产率模型）,其作用是为评估老化机制提供基准。

（2）六种与此前研究的惯用做法保持一致的模型配置,即采用烟雾箱实验拟合参数模拟一级氧化反应,采用 2D-VBS 模拟后续的老化反应。

（3）最后一种模型配置根据已知的化学反应直接模拟一级氧化过程,采用 2D-VBS 模拟后续的老化反应。提出这种模型配置的原因是,在烟雾箱实验拟合参数的基础上采用 2D-VBS 模拟老化过程会导致对初始老化过程的重复计算,因为烟雾箱实验的拟合参数实际上已经包含了一部分的老化过程。

表 2-3 汇总了本研究采用的模型配置。下文将分节对这三类模型配置进行详细介绍。

表 2-3　传统前体物生成 SOA 老化实验数值模拟采用的模型设置汇总

模型简称	模型描述	前体物
基于烟雾箱实验结果数学拟合的模拟方法（产率模型）		
CMAQ v5.0.1	CMAQ v5.0.1 中默认的 SOA 模块,该模块的核心是一个双产物模型	甲苯,α-蒎烯
MP2009	Murphy 和 Pandis[74] 报道的 VBS 产率模型及参数,该模型采用一个 4 区间的 VBS（$C^* = 1, 10, 100, 1000\mu g/m^3$）对烟雾箱实验结果进行拟合	甲苯,α-蒎烯
特定实验拟合参数	对于甲苯氧化实验,采用一个 4 区间的 VBS（$C^* = 1, 10, 100, 1000\mu g/m^3$）对每个实验分别进行拟合,得到适用于该实验的产率参数;对于 α-蒎烯氧化实验,采用 Donahue 等人[65] 的产率参数	甲苯,α-蒎烯
采用烟雾箱实验拟合参数模拟一级氧化反应,采用 2D-VBS 模拟后续的老化反应		
MP2009 + 2D-VBS 老化机制	采用"MP2009"模型模拟一级氧化反应,采用 2D-VBS 模拟后续的老化反应	甲苯,α-蒎烯
MP2009（O∶C 调整）+ 2D-VBS 老化机制	在"MP2009 + 2D-VBS 老化机制"模型的基础上,调整一级反应产物的 O∶C 分布以便与 O∶C 的实测值大致吻合	甲苯,α-蒎烯

续表

模型简称	模型描述	前体物
采用烟雾箱实验拟合参数模拟一级氧化反应,采用 2D-VBS 模拟后续的老化反应		
特定实验拟合参数＋ 2D-VBS 老化机制	采用"特定实验拟合参数"模型模拟一级氧化反应,采用 2D-VBS 模拟后续的老化反应	甲苯, α-蒎烯
特定实验拟合参数 (O∶C 调整)＋2D- VBS 老化机制	在"特定实验拟合参数＋2D-VBS 老化机制"模型的基础上,调整一级反应产物的 O∶C 分布以便与 O∶C 的实测值大致吻合	甲苯
根据已知的化学反应直接模拟一级氧化过程,采用 2D-VBS 模拟后续的老化反应		
一级反应直接模拟＋ 2D-VBS 老化机制	采用 Ziemann 和 Atkinson[134] 报道的反应机制对一级氧化反应进行直接模拟,采用 2D-VBS 模拟后续的老化反应	甲苯

2.2.2.1　产率模型

目前常用的产率模型,包括双产物模型和 VBS 产率模型两大类。其中,双产物模型是目前空气质量模型最常用的产率模型。考虑到第 3 章的数值模拟采用了 CMAQ 模型,这里选择 CMAQ v5.0.1 中的 SOA 模块作为双产物模型的代表(模型简称:CMAQ v5.0.1)。

此外,VBS 产率模型也已得到一定的应用。一些研究利用 VBS 产率模型对烟雾箱实验结果进行了回归,得到了用于三维数值模拟的模型参数[72-74]。总体来看,各研究采用的产率参数差别不大。本研究选择了Murphy 和 Pandis(2009)[74] 的产率参数作为 VBS 产率模型的代表(模型简称:MP2009),这主要是基于以下两方面的原因:(1)该研究融合了最新的烟雾箱实验结果;(2)该研究考虑了 NO_x 对产率的影响,得到了高 NO_x 和低 NO_x 两组 VBS 产率参数。

上述的产率参数虽然是基于烟雾箱实验的拟合得到,但未必能够准确地模拟本研究中的实验结果。这一方面是因为用于拟合上述产率参数的烟雾箱实验与本研究模拟的实验并不相同;另一方面是因为上述产率参数一般是一族前体物产率的平均值,而不仅仅是本研究模拟的甲苯和 α-蒎烯。为了排除上述因素的干扰而专注于老化机制的评估,本研究针对每一个甲苯光氧化实验,拟合得到了一套适用于该实验的 4 区间($C^* = 1, 10, 100,$ $1000 \mu g/m^3$)VBS 产率参数,用于数值模拟(模型简称:特定实验拟合参数)。

对于 α-蒎烯并不需要自行对实验结果进行拟合,因为 Donahue 等人[65]已经专门针对 α-蒎烯+O_3 这一反应拟合了其产率参数。由于 α-蒎烯+O_3 这一反应体系很简单,仅发生一级反应且受外界因素影响小,因此其产率参数变化不大。2.2.4 节的模拟结果表明,Donahue 等人[65]的 α-蒎烯+O_3 产率参数与实验结果吻合良好,因此,本研究中采用了 Donahue 等人[65]的产率参数。考虑到该组参数本质上也是专门针对待模拟的实验拟合得到,因此模型简称仍称作"特定实验拟合参数"。

2.2.2.2 烟雾箱实验拟合参数+2D-VBS 老化机制

2D-VBS 模型已经被用于数项研究中[65,94-97,128],其模型配置大同小异。在本研究中,对于 α-蒎烯 SOA 老化实验,基准情景(相对于 2.2.5 节的敏感性情景而言)的 2D-VBS 模型配置与 Donahue 等人[65]的模型配置完全一致。由于在 2.1 节中已详细介绍了 2D-VBS 的原理,这里仅简要介绍重要的模型参数。模型 $\lg[C^*/(\mu g \cdot m^{-3})]$ 范围是 $-5\sim9$,以 1 递增;$O:C$ 的范围是 $0\sim1$,以 0.1 递增。气相老化反应的速率系数①为 $3\times10^{-11}\,cm^3/s$,非均相反应的速率是气相反应的 1/10。官能团化路径假设每次 OH 氧化可使有机物的 C^* 降低 $1\sim6$ 个(多数情况是 $2\sim4$ 个)数量级,同时增加 $1\sim3$ 个氧原子;增加 1、2、3 个氧原子的概率分别是 30%、50% 和 20%。裂解路径假设分子裂解位置是随机的,裂解产物在反应物的 C^* 与挥发性最高的 C^* 之间呈三角分布,50% 的裂解产物是自由基,它们立即发生官能团化,形成更低挥发性、更高 $O:C$ 的稳定分子。模型采用的裂解率参数化方案是 $\beta=(O:C)^{1/4}$。以上是模拟 α-蒎烯 SOA 老化实验的配置,在模拟甲苯 SOA 老化实验时,仅有一处不同,即 $O:C$ 维度的范围变化为 $0\sim2$,仍以 0.1 递增,这主要是考虑到实验中观测到了很高的氧化态($O:C\approx1.5$)。

理论上,应该对第一级氧化产物进行直接模拟,然后在此基础上利用 2D-VBS 模拟后续老化过程。然而,由于在 OH 参与的光氧化实验中,第一级产物与老化产物很难分离,因此此前采用 1D-VBS 和 2D-VBS 的大多数研究,用烟雾箱实验拟合参数代替了第一级氧化反应,在此基础上采用 1D-VBS 或 2D-VBS 模拟老化过程。为了对此前研究中采用的模型配置进行评估,本研究中沿用这一做法,将上文的 VBS 产率参数与 2D-VBS 老化机制耦合起来,得到了"MP2009+2D-VBS 老化机制"和"特定实验拟合参

---

① 本书中所指速率系数为底物浓度以单位体积内的分子数计算时的数值。

数＋2D-VBS 老化机制"这两种模型配置。要将第一级氧化产物分布到 2D-VBS 中,除了需要在 C^* 维度进行分配外,还需在 O:C 维度上进行分配,这里采用了 Murphy 等人[96,97]的假设(详见 Murphy 等人[97]论文的表 2)。一个例外是,当"特定实验拟合参数＋2D-VBS 老化机制"这一模型配置用于 α-蒎烯老化实验的模拟时,采用的是 Donahue 等人[65]报道的产率参数;Donahue 等人同时拟合了产物在 C^* 和 O:C 两个维度上的分布,因此我们采用了该分布,而未采用 Murphy 等人[96,97]的假设。此外,与观测结果的比较(见 2.2.3 节)表明,Murphy 等人[96,97]对第一级氧化产物 O:C 分布的假设明显低估了实测的 O:C,因此本研究中新加了两种模型配置(模型简称:"MP2009(O:C 调整)＋2D-VBS 老化机制"和"特定实验拟合参数(O:C 调整)＋2D-VBS 老化机制"),其中对第一级氧化产物 O:C 分布的假设进行了调整,使之能够大致与观测结果吻合。

2.2.2.3　一级反应直接模拟＋2D-VBS 老化机制

为了避免对老化过程的重复计算,本研究中根据已知的化学反应对甲苯的第一级氧化反应进行了直接模拟,在此基础上采用 2D-VBS 模拟后续的老化过程。对于 α-蒎烯,由于烟雾箱实验的特殊设计可将第一级氧化反应与后续的老化反应很好地分开,采用"烟雾箱实验拟合参数＋2D-VBS 老化机制"的模型配置并不会导致老化过程的重复计算,因此,这一模型配置在效果上相当于对第一级反应进行了直接模拟,也就没有必要根据已知的化学反应模拟第一级氧化反应。

已有研究报道了甲苯＋OH 的氧化产物[54,134-138]。总体来说,各研究报道的一级氧化产物的种类大致相同,但相对产率有较大差异。甲苯与 OH 的反应主要通过以下两种路径进行:(1)从甲基上夺氢,进而生成苯甲醛;(2)OH 加成到苯环上,形成 OH—苯环加成物。OH—苯环加成物可以迅速与 O_2 反应,形成酚类化合物(主要是甲酚)、环氧化物和双环过氧自由基。在高 NO_x 的条件下,双环过氧自由基主要分解生成 1,2-二羰基化合物、不饱和 1,4-二羰基化合物及呋喃酮,同时可生成少量双环硝酸酯。因此,概括地说,甲苯与 OH 反应的主要一级氧化产物(高 NO_x 条件下)包括夺氢产物(主要是苯甲醛)、酚类化合物(主要是甲酚)、环氧化物、双环过氧自由基相关产物(1,2-二羰基化合物、不饱和 1,4-二羰基化合物、呋喃酮、双环硝酸酯)。

对 SOA 产率影响最大,也是不同文献中差异较大的因素,是双环过氧自由基相关产物所占的比例。这部分产物主要是小分子的开环产物,其比例越大,SOA 产率越低。文献中报道的范围是 $25\%\sim65\%$[54,134-138],在基准情景中采用了 Ziemann 和 Atkinson[134] 报道的 47%,这在文献值中大致处于中间的位置。同时,还设计了敏感性情景来评估文献中的范围可能带来的不确定性(见 2.2.5 节)。甲苯与 OH 反应的第一级产物的详细名称和摩尔产率(产物中与消耗的反应物中碳原子的物质的量之比)如表 2-4 所示。

表 2-4　高 NO_x 条件下甲苯与 OH 的一级反应产物名称及摩尔产率

产物类别	产物名称	摩尔产率		
		基准情景	双环产物最多情景	双环产物最少情景
夺氢产物	苯甲醛	0.062	0.062	0.062
	苯基硝酸酯	0.008	0.008	0.008
酚类化合物	邻甲酚	0.290	0.180	0.430
环氧化物	2,3-环氧-6-羰基-4-庚烯醛	0.170	0.100	0.250
双环过氧自由基相关产物	乙二醛	0.072	0.099	0.038
	甲基乙二醛	0.072	0.099	0.038
	丁烯二醛	0.048	0.066	0.025
	4-羰基-2-戊醛	0.060	0.083	0.032
	2-甲基-丁烯二醛	0.060	0.083	0.032
	5H-呋喃-2-酮	0.048	0.066	0.025
	β-当归内酯	0.060	0.083	0.032
	双环硝酸酯	0.052	0.072	0.028

要将以上产物对应到 2D-VBS 中,需要知道产物的挥发性。目前,有多种饱和蒸汽压(饱和蒸汽浓度)的估算方法[139-141]。本研究中采用了 SIMPOL 方法[139] 估算第一级产物的饱和蒸汽浓度,从而将产物对应到 2D-VBS 空间中,如图 2.2 所示。每种估算方法都有一定的不确定性,这是对一级产物进行直接模拟这一方法不确定性的一个来源。

2.2.3　甲苯 SOA 老化实验模拟结果

2.2.3.1　SOA 浓度

图 2.3 和图 2.4 分别给出了 Hildebrandt Ruiz 等人[132] 和 Ng 等人[133]

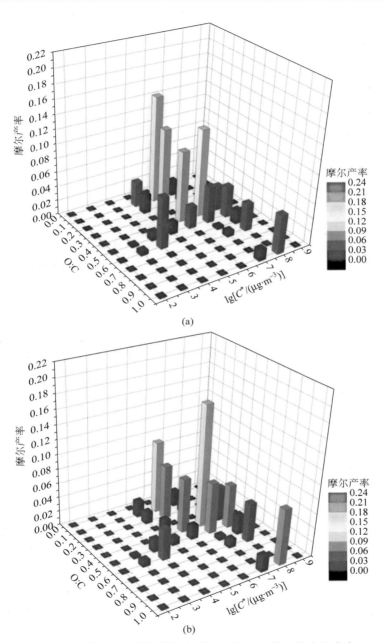

图 2.2　甲苯的一级氧化产物在 C^* 和 O：C 二维空间中的分布

(a) 基准情景（Ziemann 等人[134]）；(b) 双环产物最多的敏感情景（MCMv3.2[54]）；(c) 双环产物最少的敏感情景（Tuazon 等人[138]）

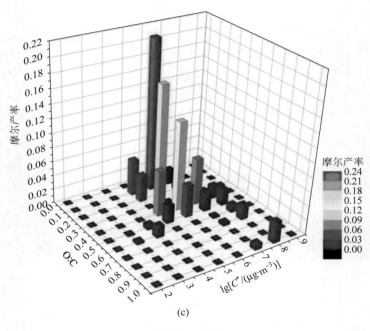

(c)

图 2.2　(续)

报道的甲苯 SOA 老化实验的模拟结果。在三种产率模型中,采用"特定实验拟合参数"的模型配置与所有实验的 SOA 浓度均吻合良好。实际上这套参数仅仅是为了本研究的需要而拟合的,在实际模拟工作中是不可能采用的,因为实际模拟中不可能对每一个烟雾箱实验分别进行拟合来得到不同的参数。默认的 CMAQ v5.0.1 低估了 Hildebrandt Ruiz 等人[132]实测的 SOA 浓度,但与 Ng 等人[133]实测的 SOA 浓度吻合良好。实际上,Ng 等人[133]的实验结果正是 CMAQ v5.0.1 的产率参数所依据的主要数据源,因此,这一结果的吻合是预料之中的。"MP2009"模拟的 SOA 浓度与实测数据的吻合情况因不同实验而异。对于高 NO_x 实验(图 2.3(a),(b)和图 2.4(a)～(d)),MP2009 相比于实测 SOA 浓度高估 73%～177%。对于低 NO_x 实验(图 2.4(e)～(h)),MP2009 预测的 SOA 产率随甲苯的反应量(ΔC_{prec})增加,而实测的 SOA 产率基本不变。因此,MP2009 对于 ΔC_{prec} 较小的实验(图 2.4(e))的 SOA 浓度呈现出低估,对于 ΔC_{prec} 较大的实验(图 2.4(h))呈现出高估,而对于 ΔC_{prec} 中等的实验(图 2.4(f),(g))则前半段低估后半段高估。CMAQ v5.0.1 和 MP2009 的模拟结果与实测结果的差异,是由于

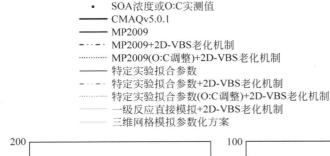

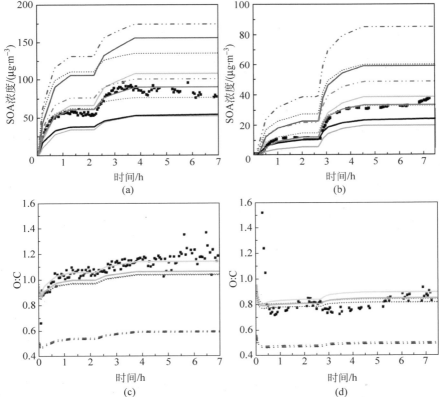

图 2.3　Hildebrandt Ruiz 等人[132]报道的甲苯光氧化实验模拟结果与实测数据的比较
(a) 实验 9 的 SOA 浓度；(b) 实验 2 的 SOA 浓度；(c) 实验 9 的 O：C；(d) 实验 2 的 O：C

用于拟合这两套产率参数的烟雾箱实验与本研究模拟的实验不同,另外这两套产率参数代表的都是一族前体物产率的平均值,而不仅仅是本研究模拟的甲苯。为了着重于老化机制的评估,排除其他因素的干扰,在下文的描

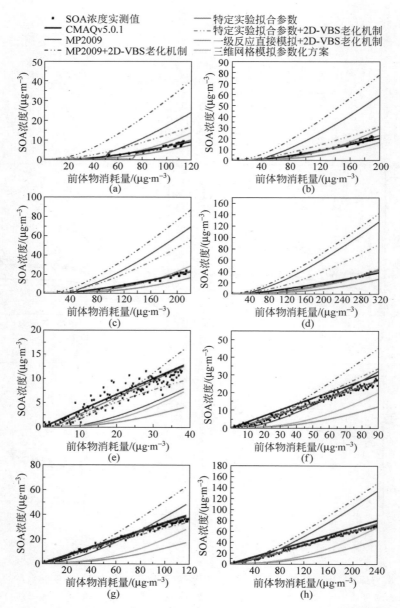

图 2.4　Ng 等人[133]报道的甲苯光氧化实验 SOA 浓度模拟结果与实测数据的比较

(a) 高 NO_x 实验,甲苯反应量(ΔC_{prec})$=30.1$ppb;(b) 高 NO_x 实验,$\Delta C_{\text{prec}}=50.7$ppb;(c) 高 NO_x 实验,$\Delta C_{\text{prec}}=56.7$ppb;(d) 高 NO_x 实验,$\Delta C_{\text{prec}}=80.2$ppb;(e) 低 NO_x 实验,$\Delta C_{\text{prec}}=10.0$ppb;(f) 低 NO_x 实验,$\Delta C_{\text{prec}}=23.8$ppb;(g) 低 NO_x 实验,$\Delta C_{\text{prec}}=32.1$ppb;(h) 低 NO_x 实验,$\Delta C_{\text{prec}}=63.9$ppb

述中,将把重点放在将 2D-VBS 老化机制与"特定实验拟合参数"相耦合的模型配置上。

如果采用"特定实验拟合参数"模拟一级氧化反应,采用 2D-VBS 模拟后续的老化反应,模型一般会高估实测的 SOA 浓度,这主要是因为重复计算了初始阶段的老化过程。具体说来,对于高 NO_x 实验(图 2.3(a)、(b)和图 2.4(a)～(d)),模型相对于实测的 SOA 浓度高估 12%～120%。高估的程度与氧化剂浓度水平有关,以 Hildebrandt Ruiz 等人[132]的实验为例:对于氧化剂水平相对较低的实验 2,模拟的 SOA 浓度高估 45%;而对于氧化剂水平高的实验 9,仅高估 12%。这是因为当 SOA 氧化程度较高时,裂解相对于官能团化占据了主导,从而部分抵消了 SOA 浓度的增加。

对于低 NO_x 实验(图 2.4(e)～(h)),"特定实验拟合参数+2D-VBS 老化机制"模型对实测的 SOA 浓度或高估或略有低估。而作为比较,当采用 MP2009 模拟一级氧化反应,进而采用 2D-VBS 模拟老化过程时,2D-VBS 老化机制可使 SOA 浓度增加高达 10%～104%。这一差异是因为,实测的 SOA 产率几乎不随 ΔC_{prec} 变化,因此当用 4 区间 VBS($C^* = 1, 10, 100, 1000\mu g/m^3$)去拟合 SOA 产率时,所有产物几乎都被分配到了 $C^* = 1\mu g/m^3$ 的区间中,这就是"特定实验拟合参数"的情形。因此,虽然 2D-VBS 中的官能团化机制能够使产物挥发性降低,但由于产物原本就主要分配在颗粒相中,从而对 SOA 的增加贡献不大;与此同时,裂解机制还会使 SOA 浓度降低,这两个因素的综合效果,导致模拟的 SOA 浓度或高估或低估。

如果根据已知的化学反应(Ziemann 和 Atkinson[134] 所报道)直接模拟一级氧化过程,采用 2D-VBS 模拟后续的老化反应,那么模型会低估实测的 SOA 浓度,其中对于高 NO_x 实验低估 16%～42%,对于低 NO_x 实验低估 42%～69%。与之形成对比的是,Chacon-Madrid[95] 的模拟结果表明,对于一组直链含氧化合物,如果对第一级氧化反应进行直接模拟,2D-VBS 模拟的 SOA 浓度可以与实测结果较好地吻合。上述模型对甲苯 SOA 的低估,可能是因为基准情景中的 2D-VBS 模型参数不适用于甲苯 SOA 的老化过程。在 2.2.5 节中设计了一系列敏感性情景,评估主要模型参数的影响,以探索造成 SOA 浓度低估的原因。

2.2.3.2　气溶胶 O：C

除 SOA 浓度外,本研究中还将模型模拟的气溶胶 O：C 与 Hildebrandt Ruiz 等人[132]的实测值进行了对比,如图 2.3(c)和(d)所示。对于实验 2,

由于未添加$(NH_4)_2SO_4$种子，O：C 先下降后上升，说明首先是气粒分配起主导作用，随后老化起主导作用。在实验 9 中，添加了$(NH_4)_2SO_4$种子，O：C 始终处于上升趋势，说明老化一直起着主导作用。本研究关注的重点是由于老化导致的 O：C 升高，而不是开始阶段的气粒分配（包括新粒子生成过程）。因此，能反映出老化过程效果的 ΔO：C，即实验结束时与实验中最低的 O：C 值之差，将作为下文讨论的重点。

如果将 2D-VBS 老化机制与"特定实验拟合参数"相耦合，并且第一级氧化产物的 O：C 分布采用 Murphy 等人[96,97]的假设，2D-VBS 能够模拟出由于老化导致的 O：C 上升的趋势，但显著低估两个实验实测的 O：C 和 ΔO：C。如果调整第一级氧化产物的 O：C 分布使其与实测结果大致吻合，模型模拟的 O：C 确实与实测值接近了，但 ΔO：C 仍然明显低估。同时，对 O：C 分布的这一调整也会降低模拟的 SOA 浓度（图 2.3（a），（b））。最后，如果对第一级氧化反应进行直接模拟，进而采用 2D-VBS 模拟老化过程，模型成功地模拟出 O：C 的初始值（约 0.8）以及其上升的趋势。然而，实验 9 和实验 2 的 ΔO：C 的模拟值分别是 0.178 和 0.057，仍然明显低于实测值（分别为 0.26 和 0.15）。2.2.5 节的敏感性分析将探索造成 ΔO：C 低估的原因。

2.2.4　α-蒎烯 SOA 老化实验模拟结果

2.2.4.1　SOA 浓度

如前所述，α-蒎烯光氧化实验与甲苯光氧化实验的一个显著差异在于，α-蒎烯实验通过特殊的设计，将 α-蒎烯＋O_3的一级氧化反应与后续的 OH 老化反应分离开来，从根本上避免了老化过程重复计算的问题。

图 2.5 对比了模拟与实测的 SOA 浓度。在 3 种产率模型中，"特定实验拟合参数"的模拟结果与实测结果吻合良好（仅指 OH 注入前的时段）。对于所有实验，CMAQ v5.0.1 都低估了 α-蒎烯＋O_3反应生成的 SOA 浓度，而 MP2009 高估了 α-蒎烯＋O_3反应生成的 SOA 浓度。为了着重于老化机制的评估，在下文的描述中将把重点放在将 2D-VBS 老化机制与"特定实验拟合参数"相耦合的模型配置上。

2D-VBS 老化机制可以模拟出注入 OH 后 SOA 浓度升高的趋势。总体来看，"特定实验拟合参数＋2D-VBS 老化机制"的模型配置或多或少地低估了实测的 SOA 浓度。模拟结果与实测结果的吻合程度因不同实验而

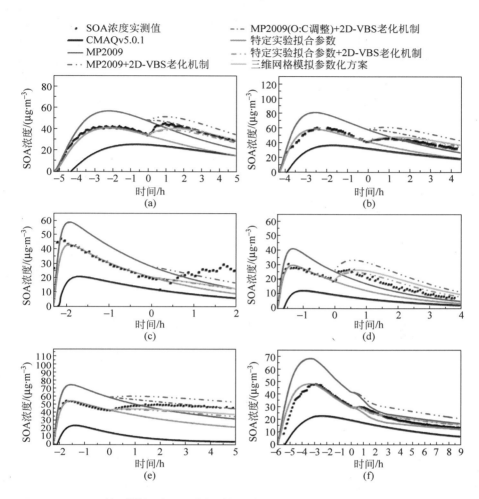

图 2.5　Donahue 等人[65] 报道的 α-蒎烯光氧化实验 SOA 浓度模拟结果与实测数据的比较
（a）PSI NO.1 实验，OH 源为 HONO 光解；（b）PSI NO.2 实验，OH 源为 HONO 光解；（c）CMU NO.1 实验，OH 源为 TME+O_3；（d）CMU NO.2 实验，OH 源为 HONO 光解；（e）AIDA 实验，OH 源为 TME+O_3；（f）SAPHIR 实验，OH 源为 HONO 在自然光下光解

异。对于以 HONO 光解作为 OH 源的实验（图 2.5（a），（b），（d），（f）），模拟结果与实测结果吻合最好。这是因为 HONO 光解产生的 OH 暴露量一般较高（除图 2.5（f）外，OH 浓度一般在（$5\times10^{16}\sim15\times10^{16}$）$cm^{-3}$，图 2.5（f）因是自然光下的 HONO 光解，故而 OH 浓度相对较低），相对于壁效应等干扰因素占据了绝对主导。对于这其中的部分实验（图 2.5（b），（d），（f）），

2D-VBS 或多或少地低估了 OH 注入 1~2h 内的 SOA 浓度,但对于接下来的时段则有所高估。这是因为 OH 浓度在实验过程中是不断降低的,但由于难以测到 OH 实时浓度,因此模拟中采用了恒定的 OH 浓度。对于以 TME+O_3 作为 OH 源的实验(图 2.5(c),(e)),由于 OH 浓度较低(一般在 $(2×10^6 ~ 3.5×10^6)cm^{-3}$),2D-VBS 则明显低估了因 OH 老化导致的 SOA 浓度的增加量。

2.2.4.2　气溶胶 O∶C

图 2.6 将模拟的气溶胶 O∶C 与实测的数据进行了对比。从图中可以看出,在 OH 注入前,由于气粒分配效应,O∶C 一般呈下降趋势;而在 OH 注入后,由于老化过程的影响,O∶C 呈上升趋势。一个例外情况是,在 AIDA 烟雾箱实验中,O∶C 一直处于上升趋势,这是因为气态有机物快速且不可逆地沉降到烟雾箱的铝质壁上,驱使质量不断由颗粒态向气态传递。

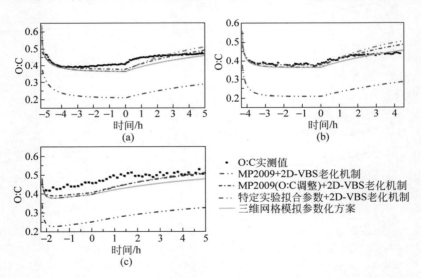

图 2.6　Donahue 等人[65]报道的 α-蒎烯光氧化实验 O∶C 模拟结果与实测数据的比较
(a) PSI NO.1 实验,OH 源为 HONO 光解;(b) PSI NO.2 实验,OH 源为 HONO 光解;(c) AIDA 实验,OH 源为 TME+O_3

如果将 2D-VBS 老化机制与"特定实验拟合参数"相耦合,模型可以大致模拟出 O∶C 随时间变化的趋势。与甲苯实验不同的是,对于所有 α-蒎烯实验,2D-VBS 都高估了因老化导致的 O∶C 的增加量,即 ΔO∶C。例如,对于 PSI 烟雾箱中的两个实验,实测的 OH 注入后的 ΔO∶C 都在 0.06 左右,而 ΔO∶C 的模拟值却高达 0.14～0.15。作为参考,还采用"MP2009＋2D-VBS 老化机制"模型进行了模拟。从图中可以看出,在整个实验过程中,模型都明显低估了实测的 O∶C。对第一级氧化产物的 O∶C 分布进行调整后,O∶C 的模拟结果与实测结果接近了,但仍然低估了因老化导致的 ΔO∶C。同时,这一调整会使模拟的 SOA 浓度降低,从而导致 SOA 浓度的更大低估(见图 2.5)。

2.2.5　主要影响因素的敏感性分析

2.2.5.1　敏感性情景设计

为探索导致模拟结果与实测结果之间误差的原因,对主要模型设置和模型参数的敏感性进行了评估。由于本研究涉及的实验较多,对每个实验逐一进行敏感性分析工作量很大,也没有必要。因此,经过对比分析选择了一个典型的甲苯实验,即 Hildebrandt Ruiz 等人[132]的实验 9,和一个 α-蒎烯实验,即 Donahue 等人[65]的 PSI NO.2 实验来开展敏感性分析。本研究设计的敏感性情景归纳在表 2-5 中。做敏感性分析首先需要选择一个基准情景,对于甲苯,选择"一级反应直接模拟＋2D-VBS 老化机制"作为基准情景,对于 α-蒎烯,选择"特定实验拟合参数＋2D-VBS 老化机制"作为基准情景。这两个情景都是在理论上最合理的情景,因为它们都避免了老化过程重复计算的问题,前者是通过对第一级氧化的直接模拟,后者是通过独特的实验设计。

表 2-5　敏感性情景及其定义汇总

编号	情景名称	敏感性参数	基准情景数值	敏感性情景数值	前体物
1	高氧原子增加量	每级反应增加 1、2、3 个氧原子的概率	30%、50%、20%	20%、40%、40%	甲苯
2	低氧原子增加量	每级反应增加 1、2、3 个氧原子的概率	30%、50%、20%	60%、30%、10%	α-蒎烯
3	高气相反应速率	气相老化反应速率系数	$3\times10^{-11}\,cm^3/s$	$6\times10^{-11}\,cm^3/s$	甲苯、α-蒎烯

编号	情景名称	敏感性参数	基准情景数值	敏感性情景数值	前体物
4	低气相反应速率	气相老化反应速率系数	$3\times10^{-11}\,\mathrm{cm^3/s}$	$1\times10^{-11}\,\mathrm{cm^3/s}$	甲苯、α-蒎烯
5	高非均相反应速率	非均相反应速率系数	$3\times10^{-12}\,\mathrm{cm^3/s}$	$6\times10^{-12}\,\mathrm{cm^3/s}$	甲苯、α-蒎烯
6	无非均相反应	非均相反应速率系数	$3\times10^{-12}\,\mathrm{cm^3/s}$	0	甲苯、α-蒎烯
7	高裂解率：$f=1/6$	裂解率 $\beta=(O:C)^f$ 中的参数 f	1/4	1/6	甲苯、α-蒎烯
8	低裂解率：$f=2/5$	裂解率 $\beta=(O:C)^f$ 中的参数 f	1/4	2/5	甲苯、α-蒎烯
9	一级反应：双环产物最多（MCM v3.2）	双环过氧自由基相关产物所占比例	47%	65%	甲苯
10	一级反应：双环产物最少	双环过氧自由基相关产物所占比例	47%	25%	甲苯
11	O：C 范围＝[0,1]	O：C 的范围	[0,2]	[0,1]	甲苯
12	NO 浓度随时间降低	RO_2+NO 反应占全部 RO_2 去除反应的比例	反应过程中保持不变	反应过程中不断降低	甲苯

2D-VBS 中每级反应的氧原子增加量是根据小分子有机物氧化反应的常见路径确定的,而非依据实验数据,因此具有较大的不确定性。基准情景的模型配置假定每级氧化反应最可能增加 2 个氧原子,即一个—OH 基团和一个＝O 基团,围绕这个平均值存在概率分布,因而增加 1、2、3 个氧原子的概率分别是 30%、50%和 20%。由于基准情景分别低估和高估了甲苯和 α-蒎烯光氧化实验中的 $\Delta O:C$,因此为甲苯设计了一个"高氧原子增加量"情景,即每次氧化反应增加 1、2、3 个氧原子的概率分别是 20%、40%和 40%;同时,为 α-蒎烯设计了一个"低氧原子增加量"情景,上述概率分别为 60%、30%和 10%。

此外,还设计了一个低气相反应速率情景,假设气相老化反应速率系数为 1×10^{-11} cm^3/s,这一假设曾在数项研究中采用[96,97];以及一个高气相反应速率情景,相应的速率系数为 6×10^{-11} cm^3/s。类似地,设计了一个无非均相反应情景和一个高非均相反应速率情景,分别假设非均相 OH 吸收速率为 0 和 6×10^{-12} cm^3/s,这两个数值代表着文献中对非均相反应速率上限和下限的估计[65]。此前的 2D-VBS 研究中,一般采用的裂解率参数化方案是 $\beta=(O:C)^f$,其中 $f=1/4$[65](与本研究的基准情景相同)或 $1/6$[75,95,96]。还有部分研究[91]取裂解率为 $\beta=k(O:C)$,不过未曾用在 2D-VBS 中。本研究中设计了两个敏感性情景,分别取 $f=1/6$ 和 $f=0.4$。

除此之外,本研究中还专门针对甲苯光氧化实验设计了 4 个敏感性情景。首先,如 2.2.2.3 节所述设计了两个情景,假设甲苯+OH 的第一级氧化产物中双环过氧自由基相关的产物比例分别为 65%(MCM v3.2[54])和 25%(Tuazon 等人[138])。这两种情景下的具体产物名称和摩尔产率见表 2-4,对应到 2D-VBS 中的分布见图 2.2。另一个情景假设 O:C 的范围由 [0,2] 变回到 [0,1]。最后一个情景考虑了在反应过程中,由于 NO 不断消耗,导致 RO$_2$+NO 反应占全部 RO$_2$ 去除反应的比例不断降低,即高 NO$_x$ 反应产物所占比例不断降低。

2.2.5.2　敏感性分析结果

图 2.7 给出了敏感性分析的结果。SOA 和 O:C 的模拟值都对每次反应增加的氧原子数目非常敏感。对于甲苯实验(即 Hildebrandt Ruiz 等人[132]报道的实验 9,图 2.7(a),(b)),"高氧原子增加量"情景可以使模拟的 SOA 和 ΔO:C 分别增加 69% 和 64%。类似地,对于 α-蒎烯实验(即 Donahue 等人[65]报道的 PSI NO.2 实验,图 2.7(c),(d)),"低氧原子增加量"情景可以使模拟的 SOA 和 ΔO:C 分别降低 18% 和 32%。此外,敏感性情景中考虑的气相反应速率的范围(($1\times10^{-11}\sim6\times10^{-11}$)cm^3/s)可以使甲苯实验中 SOA 浓度和 ΔO:C 的模拟值改变 37% 和 58%,使 α-蒎烯实验中 SOA 浓度和 ΔO:C 的模拟值改变 20% 和 48%。不过,需要指出的是,在甲苯实验中,将气相反应速率系数调整到其上限值对 SOA 浓度影响很小,因为过度的氧化反应加强了裂解过程,从而抵消了高氧化速率导致的 SOA 浓度的增加。敏感性情景中裂解率的变化可以使模拟的 SOA 浓度变化多达 70%(甲苯实验)和 24%(α-蒎烯实验)。但是,裂解率对于 O:C 的影响很小。在本研究中,非均相反应速率对 SOA 浓度和 O:C 的影响都相对较小。

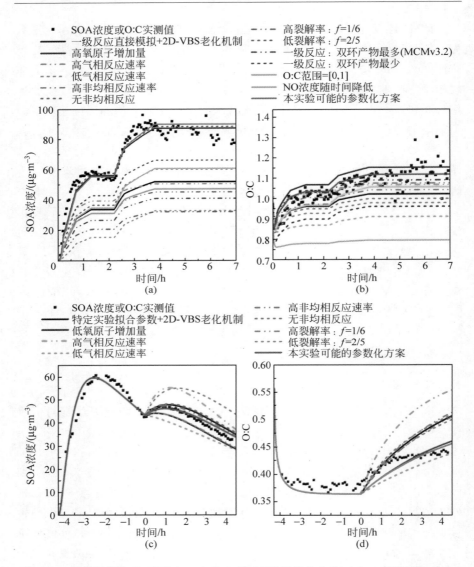

图 2.7　甲苯氧化实验(Hildebrandt Ruiz 等人[132]报道的实验 9)和 α-蒎烯氧化实验 (Donahue 等人[65]报道的 PSI NO.2 实验)SOA 浓度和 O∶C 模拟结果的敏感性分析 (a) 实验 9 的 SOA 浓度;(b) 实验 9 的 O∶C;(c) PSI NO.2 实验的 SOA 浓度;(d) PSI NO.2 实验的 O∶C

　　如前所述,本研究中专门为甲苯实验设计了几个敏感性情景。第一级 氧化产物分布的不确定性对模拟的 SOA 浓度和 O∶C 影响较大,但它对

SOA 和 O∶C 影响的方向不同,因此不能同时解释对 SOA 和 ΔO∶C 的低估。如果将 O∶C 的范围变回到[0,1],会使得 O∶C 的模拟值很低,这与实测结果不符。如果考虑到实验过程中 NO 浓度的降低,SOA 浓度和 O∶C 的模拟值都会略有升高。

尽管模型设置和模型参数可以对模拟的结果产生较大的影响,但没有任何一个参数可以单独解释模拟结果与实测结果之间的差异。可能需要几个模型参数共同改变,才能使模拟结果与实测数据相符。图 2.7 中给出了一种可能的使模拟结果与实测数据吻合的模型配置(如图中红实线所示)。首先,考虑到基准情景下,甲苯氧化实验中 ΔO∶C 低估,α-蒎烯氧化实验中 ΔO∶C 高估,因此对甲苯和 α-蒎烯分别采用敏感性情景中的“高氧原子增加量”和“低氧原子增加量”方案,以抵消掉 ΔO∶C 的误差。除每次反应的氧原子增加量外,气相老化反应速率和裂解率是比较敏感的参数,因此,可以在敏感性情景覆盖的范围内适当调整这两个参数,使模拟结果与观测结果吻合。对于甲苯实验和 α-蒎烯实验,气相反应速率系数均取 2.5×10^{-11} cm^3/s,而裂解率 $\beta = (O∶C)^f$ 中的 f 分别取 0.27(甲苯)和 0.35(α-蒎烯)。

2.2.6　用于三维数值模拟的参数化方案

以上的模拟结果对于传统 SOA 老化过程的数值模拟有重要启示。首先,对于甲苯光氧化实验的模拟结果表明,在采用烟雾箱实验拟合参数模拟第一级氧化反应的基础上,采用 2D-VBS 模拟后续老化反应会导致最初阶段老化过程的重复计算,而且除非改变模拟方法,否则这一问题是难以避免的。如果对第一级氧化反应进行直接模拟,虽然基准情景的模型配置不能与实测结果吻合,但在 2D-VBS 的框架内,能够分别找到一套合适的模型配置,使之分别与甲苯和 α-蒎烯实验的实测结果相吻合。因此,在三维数值模拟中,应尽可能对源排放的 NMVOC 的第一级氧化过程进行直接模拟。考虑到实际排放的 NMVOC 种类很多,故应至少对重要的前体物的第一级氧化反应进行直接模拟。

此外,从前述模拟结果可以看出,基准情景的 2D-VBS 同时低估甲苯和 α-蒎烯实验的 SOA 浓度,但是,却分别低估和高估甲苯和 α-蒎烯实验的 ΔO∶C。不管怎样调整 2D-VBS 模型设置和模型参数,都无法用同一套模型参数同时模拟好甲苯实验和 α-蒎烯实验的结果。与这一结果形成对比的是,Chacon-Madrid 等人[95]的研究表明,如果对第一级氧化反应进行直接模拟,可以采用统一的 2D-VBS 模型配置同时模拟出一组结构上相似的直链含氧化合物的 SOA 产率。一个自然的解释是,导致本研究和 Chacon-Madrid 等人[95]研究结果差异的主要原因是甲苯和 α-蒎烯的化学性质差别非常之大,以至于它们的第一级产物存在很大差异,无法基于"平均的"化学反应机制对后续的反应进行模拟。由于甲苯和 α-蒎烯分别是人为源和自然源的代表性前体物,同时考虑到研究中对于将人为源(化石碳)和自然源(现代碳)分开的强烈需求,因此可以采用两层 2D-VBS 分别模拟人为源 SOA 和自然源 SOA 的老化过程。

接下来所需考虑的问题就是,是否所有人为源/自然源前体物生成 SOA 的老化过程都能用上述两层 2D-VBS 进行模拟?对于上述问题,在目前实验结果和模拟结果都有限的情况下只能进行初步的分析,今后尚需进一步研究。Chacon-Madrid 等人[95]的研究已经表明,对于一组结构上相似的化合物,可以使用同一套 2D-VBS 模型参数模拟其生成 SOA 的老化过程。据此可以推断,将甲苯和 α-蒎烯的模拟结果分别拓展到芳香族化合物和萜烯是完全可能的。但是,对于化学性质与甲苯和 α-蒎烯都差异很大的化合物(如烷烃)则无法判断是否也可以用上述两层 2D-VBS 进行模拟,有可能这两层 2D-VBS 已经足够,但也有可能需要第 3 层,甚至第 4 层。在未来的研究中应模拟更多的烟雾箱实验,从而确定对所有重要前体物生成 SOA 的老化过程进行模拟所需要的 2D-VBS 层数,并根据模拟结果优化得到每一层 2D-VBS 的模型参数。最终的模型需要在尽可能准确的模拟结果与尽可能简单的模型结构之间寻求平衡。

根据以上分析,目前的最佳方案是采用两层 2D-VBS 分别模拟人为源 SOA 和自然源 SOA 的老化过程。我们根据本研究模拟的所有烟雾箱实验结果,分别确定了这两层 2D-VBS 的模型参数。参数确定的思路是:首先对人为源和自然源分别采用敏感性情景中的"高氧原子增加量"和"低氧原子增加量"方案,以便抵消掉 $\Delta O:C$ 的误差;接下来,考虑到气相老化反应速率和裂解率是除每次反应的氧原子增加量外比较敏感的参数,因此,通过在敏感性情景覆盖的范围内适当调整这两个参数,使模拟结果与观测结果吻合。从而得到两层 2D-VBS 的参数化方案如下:

(1) 人为源 SOA 老化过程

每次氧化反应增加 1、2、3 个氧原子的概率分别是 20%、40% 和 40%;气相反应速率系数 $k=2.5\times10^{-11}\ cm^3/s$,裂解率 $\beta=(O:C)^{1/3}$,其他参数均与基准情景取值相同(见 2.2.2.2 节)。

(2) 自然源 SOA 老化过程

每次氧化反应增加 1、2、3 个氧原子的概率分别是 60%、30% 和 10%；气相反应速率系数 $k=2.5\times10^{-11}\,cm^3/s$，裂解率 $\beta=(O:C)^{0.45}$，其他参数均与基准情景取值相同（见 2.2.2.2 节）。

在第 3 章的三维数值模拟中，将采用这套模型参数作为基准情景进行模拟。需要提到的是，这套模型参数与 2.2.5 节最后一段给出的模型参数并不完全一致，因为 2.2.5 节给出的参数仅考虑了一个特定的实验，而上述三维数值模拟的模型参数旨在使所有实验的平均模拟结果与实测数据吻合。

图 2.3～图 2.6 中给出了用于三维数值模拟的模型参数对应的烟雾箱实验的模拟结果（图中浅蓝色的实线）。从图中可以看出，对于部分实验，这套参数模拟的 SOA 浓度和 O：C 偏高，对部分实验偏低，但对于所有实验的平均结果，这套参数的模拟结果与实测结果吻合良好。需要指出的是，对于甲苯光氧化实验，所有高 NO_x 实验（图 2.3(a)、(b) 和图 2.4(a)～(d)）中的 SOA 浓度均被高估，对于所有的低 NO_x 实验（图 2.4(e)～(h)）中的 SOA 浓度均被低估。导致这一结果的原因在于目前 2D-VBS 核心机制中没有考虑 NO_x 的影响，换句话说，目前 NO_x 对 SOA 产率的影响仅仅是通过一级氧化产物的差别体现的。一般而言，大多数主要的 SOA 前体物（苯系物、单萜烯等）在高 NO_x 环境下 SOA 产率明显偏低[133,142-144]，目前老化反应中未考虑 NO_x 的影响，因此导致高 NO_x 实验的模拟结果偏高，低 NO_x 实验模拟结果偏低。在 2D-VBS 核心机制中考虑 NO_x 的影响，也是应在今后研究中解决的问题。

2.3　稀释烟气氧化实验的数值模拟

本节涉及的实验，其基本操作方法是将污染源排放的一次污染物，经过稀释后，全部通入烟雾箱中发生光化学反应。烟雾箱中的反应物包括了 POA、IVOC 以及 NMVOC。在这组烟雾箱实验的时长和 OH 暴露水平下，传统前体物（即 NMVOC）的 SOA 产率是比较清楚的，因此，由传统前体物生成 SOA 很容易估算出来，剩余的 SOA 则是由 POA 和 IVOC 生成的。本节利用 2D-VBS，对 POA 和 IVOC 的氧化过程进行数值模拟，在此基础上提出用于三维数值模拟的参数化方案。

2.3.1 稀释烟气氧化实验

本研究模拟的稀释烟气氧化实验包括 Gordon 等人[145]报道的汽油车尾气光氧化实验，Gordon 等人[146]报道的柴油车尾气光氧化实验和 Hennigan 等人[147]报道的生物质燃烧烟气的光氧化实验。除以上三类源外，民用燃煤炉灶也是我国重要的 POA 排放源，占我国一次 OC 排放量的 10%左右[22]，但由于目前缺少这类源的烟雾箱实验结果，因此未进行模拟。

下面对本研究模拟的稀释烟气氧化实验进行简要描述，更详细的描述请参见报道这些实验的原始文献[145-147]。总体来说，汽油车、柴油车、生物质燃烧这三组实验的流程基本类似，因此我们首先介绍三组实验的总体实验流程和测试方法，然后对各组实验中使用的排放源分别进行介绍。

实验过程可分为两个阶段：第一阶段，将原始排放经过第一级稀释后，对源排放特征进行测试；第二阶段，将第一级稀释后的烟气进行第二级稀释，然后注入到烟雾箱中进行光化学反应。

在第一阶段中，源排放的烟气被注入稀释系统（dilution tunnel，用于汽油车、柴油车尾气稀释）或注入一个燃烧室（burning chamber，用于生物质燃烧烟气稀释）进行较低倍数的稀释。经过第一级稀释后，汽油车、柴油车烟气中 OA 的浓度一般在 $100\mu g/m^3$ 以上，生物质燃烧烟气中的 OA 浓度一般在 $1mg/m^3$ 以上。在这一浓度水平下，采用火焰离子化检测器（flame ionization detector, FID）测定了总的有机气体浓度；同时用集气罐或集气袋采集气体样品，采用传统的气相色谱进行离线分析。气相色谱可测定单环/双环的芳香烃、C12 以下的烷烃（包括直链、支链和环状）、烯烃和羰基化合物，从而包含了绝大部分的传统 SOA 前体物。采用 OC/EC 分析仪测定 OC 浓度。

在第二阶段中，将稀释系统或燃烧室中烟气经过较大幅度的稀释（约 30∶1）后注入烟雾箱中。这样烟雾箱中 OA 的初始浓度在 $1\sim100\mu g/m^3$ 之间，与城市大气环境或烟羽中的浓度相当。由于在第二阶段中经过了较大幅度的稀释，部分 POA 在稀释过程中挥发掉了，因此在第一阶段中测定的 POA 浓度与烟雾箱中测定的 POA 浓度并不相同，这是后续的模拟工作中需要考虑的因素。该阶段的稀释比通过测定稀释前后的 CO_2 浓度予以确定。

在稳定一段时间后，将烟雾箱暴露在光源下开始光化学反应。采用 PTR-MS 在线监测 $4\sim6$ 种气态前体物的浓度变化，据此推算逐时的 OH

浓度。采用 SMPS 和 AMS 在线监测颗粒物的体积浓度和质量浓度,得到修正了壁效应的 OA 逐时浓度。

三组实验中采用的排放源分别介绍如下:

(1) 汽油车

Gordon 等人[145]共采用 15 辆不同的轻型汽油车开展了 25 组实验。这些车是从美国加州的在用车车队里选取的,其生产年(1987—2011 年)、污染控制技术、车型、品牌、发动机技术、排量、行驶里程各不相同。这样的选取原则是为了尽可能的代表实际车队中因车辆的多样性而带来的不确定性。具体来说,研究共选取了 11 辆轿车、2 辆轻型货车以及 2 辆 SUV;生产年在 1995 年之前的有 3 辆,在 1995—2003 年间的有 6 辆,在 2004—2011 年间的有 6 辆;达到 Tier Ⅰ 排放标准的有 4 辆,达到过渡低排放车辆(transitional low emission vehicle, TLEV)标准的有 1 辆,达到低排放车辆(low emission vehicle, LEV)的有 2 辆,达到 LEV-Ⅰ 标准的有 1 辆,达到 LEV-Ⅱ 标准的有 3 辆,达到超低排放车辆(ultra low emission vehicle, ULEV)标准的有 4 辆;行驶里程从 1.1 万~22.5 万英里[①]不等;排量从 1.6~5.0L 不等。实验中所有机动车均燃烧同一种加州商业加油站售卖的汽油,均采用冷启动 UC(unified cycle)测试流程进行测试。

(2) 柴油车

Gordon 等人[146]共选用了 5 辆柴油车进行实验。其中 2 辆柴油车装配了柴油车颗粒捕集器(diesel particulate filter, DPF),导致颗粒物排放很低,在烟雾箱中难以观测到 SOA 的生成。同时考虑到目前我国还基本没有中重型柴油车安装 DPF,因此,我们舍弃了这 2 辆车正常运行时所排放尾气的光氧化实验,而仅选取了其 DPF 再生时所排放尾气的光氧化实验进行模拟,共 3 组实验。

对于另外 3 辆未安装 DPF 的柴油车则模拟了其所有实验,共 12 组。其中一辆为 2006 年产的重型柴油拖拉机,排量 10.8L,行驶里程 9.4 万英里,无末端控制技术。另外 2 辆都是中型柴油卡车,一辆产于 2005 年,排量 6.6L,行驶里程 6.6 万英里,装有柴油机氧化催化转化器(diesel oxidation catalyst, DOC);另一辆产于 2001 年,排量 5.9L,行驶里程 15.9 万英里,无末端控制技术。重型拖拉机采用城市台架测试循环(urban dynamometer driving schedule, UDDS)流程进行测试,中型卡车采用冷启动 UC 流程进

---

① 1mile(英里)≈1.61km。

行测试,所有柴油车均燃用加州商用超低硫柴油。

　　(3) 生物质燃烧

　　Hennigan 等人[147]选取了北美地区的 12 种树(草)种开展了 18 组生物质燃烧烟气光氧化实验。以上树(草)种包括了北美易受生物质燃烧影响的地区(东南部、南加州和美国加拿大西部)的主要树(草)种,包括了 5 种树木(8 组实验)、5 种灌木(7 组实验)和 2 种草地(3 组实验)。

2.3.2　模型设置

　　在模拟稀释烟气氧化实验时,基准情景下的 2D-VBS 模型参数与2.2.2.2 节中模拟 α-蒎烯 SOA 老化实验时采用的模型参数完全一致,这里不再赘述。与传统 SOA 老化过程模拟的一个关键的区别是,本节中需要将注入烟雾箱的 POA 和 IVOC 分配到 C^* 和 O∶C 二维空间中去。

　　首先,确定 POA 的初始浓度及其挥发性分布。如前所述,在进行烟雾箱实验前,将源排放进行了两个阶段的稀释,第一阶段稀释后采用 OC/EC分析仪测定了 OC 浓度,第二阶段稀释后开展烟雾箱实验,实验过程中使用 SMPS 和 AMS 在线监测 OA 浓度。在稀释过程中,POA 中的一部分SVOC 挥发到了气态中,从这个意义上讲,OC/EC 分析仪的测试结果能够更好地代表反应体系中总的 OC 浓度。但是,由于稀释过程引入了测试误差,将测试的 OC 浓度转化为 OA 浓度时也存在一定的不确定性,且 OC/EC 分析仪测试的结果难以与烟雾箱实验过程中的测试数据保持连续性,因此,以烟雾箱实验开始前测试的 OA 浓度为基准,推算反应体系中 POA的总浓度。我们选用了 May 等人[148-150]测试的 POA 挥发性分布参数,见表 2-6。之所以选用这套参数,一方面是因为这是目前为止最系统的一组研究,另一方面,May 等人[148-150]测试的正是本研究所模拟的这一组汽油车、柴油车和生物质燃烧源。根据烟雾箱实验开始前的 OA 浓度,以及挥发性分布信息,我们计算了反应体系中 POA(第二阶段的稀释前)的总浓度和在各挥发性区间的分布,并采用 OC/EC 分析仪的测试结果对以上推算结果进行了校验。

　　其次,除确定 POA 的挥发性分布外,还需要将 POA 在 O∶C 这一个维度上进行分配。目前,这方面的测试结果还很少。Aiken 等人[151]在实验室人工生成了生物质燃烧烟气和汽/柴油车尾气,在经过充分稀释后(生物质燃烧烟气稀释约 10000 倍,机动车尾气稀释 100 倍以上),测得汽/柴油车尾气中 OA 的 O∶C 在 0.05 左右,生物质燃烧烟气中 OA 的 O∶C 在 0.3～

0.4。需要说明的是,在生物质燃烧的测试中,由于稀释倍数非常大,测试结果实际上反映了 POA 在低挥发性区间中的 O∶C 水平。

表 2-6　POA 的挥发性分布[a] 及 O∶C 随挥发性的变化

lg[C^*/(μg·m⁻³)]	占 POA 总质量浓度的比例				O∶C			
	汽油车	柴油车	生物质燃烧	其他源	汽油车	柴油车	生物质燃烧	其他源
−2	0.14	0.00	0.2	0.113	0.13	0.13	0.28	0.13
−1	0.13	0.03	0.0	0.053	0.13	0.13	0.28	0.13
0	0.15	0.25	0.1	0.167	0.11	0.11	0.24	0.11
1	0.26	0.37	0.1	0.243	0.09	0.09	0.20	0.09
2	0.15	0.24	0.2	0.197	0.06	0.06	0.16	0.06
3	0.03	0.06	0.1	0.047	0.03	0.03	0.12	0.03
4	0.14	0.05	0.3	0.163	0.00	0.00	0.08	0.00

a. 即各挥发性区间的质量浓度占 POA 总质量浓度的比例。

相对于排放源的测试,目前对于大气中 OA 的 O∶C 的测试结果相对较多。在 AMS 测试结果的基础上,采用正交矩阵因子分解(positive matrix factorization,PMF)的方法,可以将 OA 分为若干个因子,常见的包括类烃有机气溶胶(hydrocarbon-like OA,HOA)、生物质燃烧有机气溶胶(biomass-burning OA,BBOA)、半挥发性有机含氧气溶胶(semi-volatile oxygenated OA,SV-OOA)和低挥发性有机含氧气溶胶(low-volatility oxygenated OA,LV-OOA)。其中,HOA 与化石燃料燃烧源排放的 POA 类似,BBOA 与生物质燃烧源排放的 POA 类似。Jemenez 等人[75]总结了一系列 AMS 测试结果,结果表明 HOA 的 O∶C 为 0.04~0.1,BBOA 的 O∶C 约为 0.2。Ng 等人[152]总结了北半球的一系列 AMS 测试结果,结果表明 HOA 的 O∶C 一般为 0~0.15,少部分可达 0.2。一些在中国开展的 AMS 观测结果[153-157]表明,HOA 的 O∶C 一般为 0.08~0.16,BBOA 的 O∶C 一般为 0.19~0.27。部分研究[152,158,159]还探索了 POA 的 O∶C 与挥发性的关系。以上结果均表明,OA 挥发性越低,O∶C 越高。Koo 等人[82]还根据大气中实测的 HOA、BBOA、SV-OOA、LV-OOA 等 OA 因子的 O∶C 范围,以及 2D-VBS 中的"基团贡献算法",提出了上述 OA 因子的 O∶C 随挥发性的变化关系。根据以上研究结果,本研究假设汽油车、柴油车和生物质燃料排放的 POA 的 O∶C 随 C^* 的变化关系如表 2-6 所示。如

果某个 C^* 区间对应的 O：C 不与 2D-VBS 中的任何一个 O：C 区间吻合，则将这部分质量分配到相邻两个 O：C 区间中，分配比例根据相邻区间的 O：C 值插值确定。从表中可以看出，三类源排放 POA 的 O：C 均随 C^* 的增加而降低，在大气环境中分配到颗粒态的部分的平均 O：C 值与上文实测结果的平均值基本吻合。

在确定 POA 在 2D-VBS 中的分布后，还需确定 IVOC 在 2D-VBS 中的分布。传统的排放清单中未包括 IVOC，但在本研究所模拟的实验中，在第一阶段稀释后采用 FID 测试了有机气体的总浓度，并采用 GC 测试了可识别物种（单环/双环的芳香烃，C_{12} 以下的烷烃、烯烃和羰基化合物）的浓度。而不能识别的物种，主要是碳原子数在 12 以上的有机气体，大部分是 IVOC。因此，本研究将有机气体总浓度扣除可识别物种的浓度后剩余的部分，作为 IVOC 的浓度，将其分配到 $\lg[C^*/(\mu g \cdot m^{-3})]=4$、5、6 三个区间中。根据 POA 的 O：C 随 C^* 递减的规律，可以假设 IVOC 的 O：C 与 $\lg[C^*/(\mu g \cdot m^{-3})]=4$ 这一区间中 POA 的 O：C 相同。

最后，如前所述，在通入烟雾箱的污染物中，除 POA、IVOC 外还有 NMVOC，即传统 SOA 前体物。在这组烟雾箱实验的时长和 OH 暴露水平下，传统前体物的 SOA 产率是比较清楚的。因此，在本研究中采用 CMAQ v5.0.1 中的 SOA 产率[23]计算可识别的前体物生成的 SOA，将其从实测的总 OA 浓度中分离出来。计算结果表明，汽油车、柴油车和生物质燃烧三类源由可识别的前体物生成的 SOA 浓度分别占总 SOA 浓度（由实验末的 OA 浓度减去实验初的 OA 浓度估算）的 20%、4% 和 8% 左右，说明这一组实验中的大部分 SOA 是由 POA 的老化过程和 IVOC 的氧化生成的。在下文中，将实测的 SOA 浓度与模拟值进行对比时，实测值中均已扣除了由可识别的前体物生成的 SOA。

2.3.3　稀释烟气氧化实验模拟结果

在本研究模拟的稀释烟气氧化实验中没有对 O：C 进行测定，因此，这里仅将模拟的 OA 浓度与实测值进行了对比，如图 2.8 所示。图中纵轴表示的是实验结束时 OA 模拟值与实测值的比值，图中每一个数据点表示一组实验的模拟结果。从图中可以看出，模拟结果有较大的离散性。汽油车尾气的光氧化实验中，OA 模拟值/OA 实测值主要散布在 0.2～3；对于柴油车尾气和生物质燃烧烟气的光氧化实验，OA 模拟值/OA 实测值主要在 0.4～2。考虑到模拟结果的离散性，采用箱尾图对其进行统计，从图 2.8 中可以看出,汽油车、柴油车和生物质燃烧三组实验 OA 模拟值/OA 实测值的中位数分别为 0.70、0.67 和 0.82,平均为 0.73。从中位数的角度来看,基准情景的模型配置总体上低估了实测的 OA 浓度。三类排放源的 OA 模拟值/OA 实测值的中位数比较接近,上、下四分位数总体差异也不大。与模拟结果本身的离散性相比,三类源模拟结果之间的差异相对较小,这启示我们,可以采用同一套模型配置对三类污染源排放的 POA/IVOC 的氧化过程进行模拟。

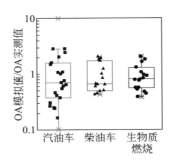

图 2.8　稀释烟气氧化实验基准情景的模拟结果

图中每个数据点为一组实验结束时 OA 模拟值与 OA 观测值的比值。采用箱尾图对模拟结果进行了统计,“箱部”的三条横线从下到上分别表示 25% 分位数(Q1)、中位数和 75% 分位数(Q3)、“尾部”的两端分别表示两个异常值截断点,其中上侧的异常值截断点表示小于 Q3+1.5×IQR 的最大数据点,下侧的异常值截断点表示大于 Q1−1.5×IQR 的最小数据点,IQR 表示四分位差,即 IQR=Q3−Q1。图中的“×”表示每组数据的最大值和最小值。

下面对图 2.8 中模拟结果的离散性是否合理进行分析。Jathar 等人[78] 汇总分析了以上三组实验的实测数据,结果表明,对于同一类排放源的不同组实验,其 POA 和非甲烷有机气体(non-methane organic gas,NMOG)的排放因子的差别可以达到 2~3 个数量级。例如,汽油车的单位能源 POA 排放因子在 1~400mg/kg 范围内,NMOG 的排放因子在 80~30000mg/kg 范围内,其他源也呈现出类似的特征。Jathar 等人[78] 的分析证明,这一显著的差异是由不同排放源本身的差异导致的,而不是由实验误差导致的。除排放因子的差异外,同一类排放源不同组实验的 SOA 产率也存在显著差异。由于直接测量 SOA 比较困难(因为 SOA 与 POA 较难区分),因此,Gordon 等人[145,146] 和 Hennigan 等人[147] 采用 OA 的质量增加率(Mass Enhancement Ratio,MER)来描述 SOA 的相对产率。MER 定义为实验结束时 OA 的浓度与实验开始时 OA 浓度的比值。MER 越大,意味着 SOA

的产率越高。在汽油车尾气的光氧化实验中,各组实验的 MER 为 1.0~
22.3 浮动,这说明,各组实验中汽油车排放的有机物组成可能存在很大的
差异。然而,2D-VBS 假定每个"网格"中的有机物均符合该网格的"平均化
学组成",并采用"平均的化学反应"模拟有机物的多级氧化过程,这自然无
法模拟出由于源排放有机物组成的差异所导致的 SOA 产率的显著差异。
因此,模拟结果出现较大的离散性是合理的。

导致源排放中有机物组成差异的主要原因是什么? 以汽油车为例,我
们对生产年(伴随着排放标准的加严)、车型、品牌、发动机技术、排量、行驶
里程等影响因素逐一进行了分析。首先分析生产年的影响,其中 1995—
2003 年间生产的汽油车的 ER 值为 1.0~22.3,2004—2011 年间生产的汽
油车的 ER 值为 1.2~13.9,虽然在这两个时段间,排放标准显著加严,但
SOA 产率并没有显著差异。这说明,由于本研究涉及的汽油车的多样性
(车型、品牌、发动机技术、排量、行驶里程等各不相同),汽油车巨大的个体
差异已经掩盖掉了因排放标准不同导致的排放源中有机物组成的差异。对
于其他的影响因素进行分析后,同样发现难以定量特定因素的影响。这一
现象在柴油车和生物质燃烧中同样存在。如对于生物质燃烧,本实验采
用了 12 种树(草)种,各个树(草)种本身的燃烧性质就有很大差别,其燃
烧产物差异也自然很大,加上生物质燃烧的条件难以准确控制,这就进一步
加大了各排放源的个体差异。因此通过目前的实验结果,分析特定因素对
源排放构成、SOA 产率以及模拟偏差的影响是十分困难的。这组实验设计
的初衷,也是为了覆盖各类排放源可能的不确定性范围,而非分析特定因素
对源排放构成及 SOA 产率的影响。因此,在今后的研究中可通过设计更
多的控制变量实验评估各因素对源排放构成、SOA 产率和模拟偏差的
影响。

2.3.4   用于三维数值模拟的参数化方案

如前所述,与模拟结果本身的离散性相比,三类源模拟结果之间的差异
相对较小,因此,可尝试采用同一套模型参数对三类污染源排放的 POA/
IVOC 的氧化过程进行模拟。在 2.2.6 节中,根据传统前体物生成 SOA 的
老化实验的模拟结果,确定了一种用于三维数值模拟的参数化方案。但对
于稀释烟气氧化实验,由于排放源之间存在显著差异,导致模拟结果有较大
离散性,因此如果只提出一种模型参数化方案,难以代表实际大气中的源排
放的化学组成,也难以反映模拟结果的不确定性范围。基于这一考虑,在本

节中提出三套用于三维数值模拟的参数化方案,这三套方案分别使得 OA 模拟值/OA 实测值的中位数＝1.0(即 50％实验的 OA 浓度高估、50％的实验低估),OA 模拟值/OA 实测值的 25％分位数＝1.0(即 75％的实验高估、25％的实验低估),OA 模拟值/OA 实测值的 75％分位数＝1.0(即 25％的实验高估、75％的实验低估)。这三种方案实际上给出了由烟雾箱实验确定的 2D-VBS 参数范围,在第 3 章中将通过三维数值模拟结果与外场观测数据的比较,进一步确定最佳的参数化方案。

在基准情景模拟的基础上,我们评估了模拟结果对主要的模型参数的敏感性,评估结果与 2.2.5 节的分析类似,因此不再详细展开。总体来说,对模拟结果影响较大的参数包括:裂解率、气相反应速率和每级反应氧原子增加数。由于实验未测试气溶胶的 O∶C,每级反应的氧原子增加数不易界定,因此仅通过改变裂解率和气相反应速率两个参数使模拟结果满足上述三套参数化方案的要求。今后将进一步对气溶胶的 O∶C 进行测试,并与模拟结果对比,从而更好地约束 2D-VBS 模型参数。

三种参数化方案对应的裂解率、气相反应速率取值,以及相应的模拟结果(见图 2.9)如下:

(1) OA 模拟值/OA 实测值的中位数＝1.0

裂解率 $\beta=(\mathrm{O}\colon\mathrm{C})^{0.4}$,气相反应速率 $k=4\times10^{-11}\,\mathrm{cm^3/s}$,其他参数取值均与基准情景相同(见 2.3.2 节)。采用这套参数,汽油车、柴油车和生物质燃烧三类源 OA 模拟值/OA 实测值的中位数分别为 1.17、0.78 和 1.04,平均值为 1.0。

(2) OA 模拟值/OA 实测值的 25％分位数＝1.0

裂解率 $\beta=0.75\times(\mathrm{O}\colon\mathrm{C})$,气相反应速率 $k=5\times10^{-11}\,\mathrm{cm^3/s}$,其他参数取值均与基准情景相同(见 2.3.2 节)。采用这套参数,汽油车、柴油车和生物质燃烧三类源 OA 模拟值/OA 实测值的 25％分位数分别为 1.16、0.88 和 0.98,平均值为 1.0。

(3) OA 模拟值/OA 实测值的 75％分位数＝1.0

裂解率 $\beta=(\mathrm{O}\colon\mathrm{C})^{1/6}$,气相反应速率 $k=1.7\times10^{-11}\,\mathrm{cm^3/s}$,其他参数取值均与基准情景相同(见 2.3.2 节)。采用这套参数,汽油车、柴油车和生物质燃烧三类源 OA 模拟值/OA 实测值的 75％分位数分别为 0.83、1.08 和 1.09,平均值为 1.0。

综合上文所述,在用于三维数值模拟时,研究共采用 3 层平行的 2D-VBS 分别模拟人为源 SOA 的老化过程、自然源 SOA 的老化过程和 POA/IVOC

的氧化过程。其中前两层 2D-VBS 只有一套参数,而最后一层 2D-VBS 有三套参数。在第 3 章中将利用这一参数化方案,对大气环境中的 OA 和 SOA 进行模拟。

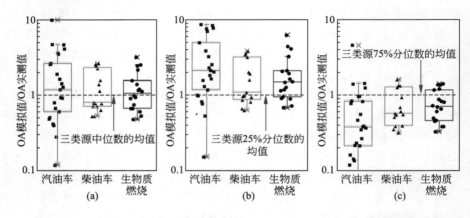

图 2.9   用于三维数值模拟的三种参数化方案对应的稀释烟气氧化实验模拟结果
(a) 三类源 OA 模拟值/OA 实测值中位数的均值=1.0;(b) 三类源 OA 模拟值/OA 实测值 25%
分位数的均值=1.0;(c) 三类源 OA 模拟值/OA 实测值 75%分位数的均值=1.0

2.4   本章小结

(1) 利用 2D-VBS 箱式模型对一系列传统前体物生成 SOA 的老化实验进行模拟,并与实测数据进行对比。结果表明,如果采用烟雾箱实验拟合参数模拟第一级氧化反应,采用 2D-VBS 模拟后续的老化反应,模型一般会高估甲苯 SOA 老化实验中的 SOA 浓度。这是因为烟雾箱实验拟合参数同时包含了第一级氧化反应和部分老化反应,在此基础上模拟老化反应会导致对开始阶段老化反应的重复计算。如果根据已知的化学反应直接模拟第一级氧化过程,采用 2D-VBS 模拟后续的老化反应,基准情景的 2D-VBS 会低估甲苯实验中的 SOA 浓度和 $\Delta O:C$;同时,它低估了 α-蒎烯实验的 SOA 浓度,高估其 $\Delta O:C$。在对第一级氧化反应进行直接模拟的情况下,可以针对甲苯和 α-蒎烯实验分别改变 2D-VBS 的配置,使模拟结果分别与甲苯和 α-蒎烯实验的实测结果相吻合。然而,不管怎样调整模型配置,都无法用同一套模型配置同时模拟好甲苯实验和 α-蒎烯实验的结果。

(2) 利用 2D-VBS 箱式模型模拟了一系列稀释烟气氧化实验,并与实测数据进行了对比。模拟结果有较大的离散性,基准情景的 OA 模拟值/OA 实测值散布在 0.2～3 之间。汽油车、柴油车和生物质燃烧三组实验 OA 模拟值/OA 实测值的中位数分别为 0.70、0.67 和 0.82,平均为 0.73,因此基准情景的 2D-VBS 模型配置总体低估了实测的 OA 浓度;与模拟结果本身的离散性相比,三类源模拟结果之间的差异相对较小,可采用同一层 2D-VBS 模拟三类源 POA/IVOC 的氧化过程。

(3) 基于烟雾箱实验模拟结果,研究确定了用于三维数值模拟的 2D-VBS 参数化方案。研究中共采用 3 层平行的 2D-VBS 分别模拟人为源 SOA 的老化过程、自然源 SOA 的老化过程和 POA/IVOC 的氧化过程,根据模拟的所有烟雾箱实验的结果,分别确定了 3 层 2D-VBS 的模型参数。其中,前两层 2D-VBS 各确定了一套模型参数;第 3 层 2D-VBS 确定了 3 套模型参数,分别使得 OA 模拟值/OA 实测值的中位数=1.0,OA 模拟值/OA 实测值的 25% 分位数=1.0,OA 模拟值/OA 实测值的 75% 分位数=1.0。

第3章 大气环境中有机气溶胶的数值模拟

本章将 2D-VBS 箱式模型植入到三维空气质量模型 CMAQ 中,开发了 CMAQ/2D-VBS 空气质量模拟系统。利用上述模型系统对我国 $PM_{2.5}$ 的化学组成,特别是有机气溶胶进行模拟。利用观测数据对模拟结果进行校验,并根据模拟结果评估 OA 老化过程和 IVOC 氧化过程的环境影响。对主要影响因素的敏感性进行评估,提出未来模型改进的建议。

3.1 CMAQ/2D-VBS 空气质量模拟系统

3.1.1 CMAQ/2D-VBS 模型开发

在第 2 章确定 2D-VBS 的模型参数后,下一步就是将 2D-VBS 植入到 CMAQ 中。要完成这一工作,需要在 CMAQ v5.0.1 模型的基础上做以下几个方面的开发:

(1) 物种定义模块。增加 2D-VBS 的模型物种,去掉原 CMAQ 模型中的 SOA 相关物种。

第 2 章提出利用 3 层 2D-VBS 分别模拟人为源 SOA 的老化过程、自然源 SOA 老化过程和 POA/IVOC 的氧化过程。其中第 1 层 2D-VBS 共有 $15 \times 21 = 315$ 个网格,第 2 层和第 3 层 2D-VBS 各有 $15 \times 11 = 165$ 个网格,总共 645 个网格,每个网格对应着气态和颗粒态两个物种,因此共有 1290 个物种。如此大量的物种数带来了沉重的计算负担,因此对模型进行合理的简化是必要的。

2D-VBS 箱式模型中 $\lg C^*$ (C^* 单位为 $\mu g/m^3$,后同) 这一维度的范围均为 $-5 \sim 9$。但实际上,在大气浓度范围内,$\lg C^* \leqslant -2$ 的区间的有机物几乎完全处于颗粒相,只有在加热的条件下才能体现出其挥发性的差别。对于大气环境中 SOA 的模拟而言,$\lg C^* < -2$ 的挥发性区间是没有必要的。$\lg C^* \geqslant 7$ 的区间对应着 NMVOC 的范围,这一范围内的 SOA 前体物在目前的排放清单中是比较清楚的,因此一般不将其直接映射到 2D-VBS 中,而是在模拟第一级或前几级反应后,再将产物分配到 2D-VBS 中。但是,在根

据已知的化学反应对传统前体物的第一级氧化过程进行直接模拟时,其部分产物可能有较高的挥发性,因此,本研究中保留了 $\lg C^* = 7$ 的区间,而仅省略了 $\lg C^* = 8$ 和 $\lg C^* = 9$ 的区间。综合上面的考虑,本研究中将 3 层 2D-VBS 的 $\lg C^*$ 这一维度的范围都简化成了$[-2,0,1,2,3,4,5,6,7]$。

在 O∶C 这个维度上,进行简化的思路是将区间的间距增大。在 $\lg C^*$ 相同的情况下,O∶C 越大,分子的平均碳原子数越少[87]。然而模型假设每次氧化过程增加的氧原子数是一定的,因此,对于 O∶C 越大的网格,每级反应导致的 O∶C 增加幅度也越大。基于这一考虑,在模拟中保持较低 O∶C 范围内的区间间距,而适当增大较高 O∶C 范围内的区间间距。经过测试,将第 1 层 2D-VBS 的 O∶C 的范围简化为$[0,0.1,0.2,0.4,0.7,1.0,1.5,2.0]$,而将第 2 层和第 3 层 2D-VBS 的 O∶C 范围简化为$[0,0.1,0.2,0.4,0.7,1.0]$。经过简化后,物种数减少到$(72+54\times2)\times2=360$ 个,比原来减少了 70%。经过测试,这一简化使得模型的计算时间也减少了约 70%。进一步对比简化前后 OA 浓度和 O∶C 的模拟结果可以发现,简化前后的模拟结果吻合良好,我国东部地区 OA 浓度的误差在 2% 以内,O∶C 的误差在 5% 以内(此处略去具体模拟结果)。

(2)排放模块。将模型输入的 POA 排放量和 IVOC 排放量按照一定的分配系数分配到 2D-VBS 中。POA 和 IVOC 在 $\lg C^*$ 和 O∶C 二维空间中的分配系数将在 3.1.3 节中进行详述。

(3)气相化学模块。添加传统前体物的第一级氧化反应以及 3 层 2D-VBS 内各自的氧化反应。

第 2 章提出应尽可能对重要的前体物的第一级氧化反应进行直接模拟。本研究采用了 SAPRC99 气相化学机制,其主要的 SOA 前体物包括 BENZ(苯)、ARO1(单取代基的苯系物)、ARO2(多取代基的苯系物)、ALK5(碳原子数较多的烷烃)、ISOP(异戊二烯)、TERP(单萜烯)和 SESQ(倍半萜烯)。以上的物种实际上都是"替代物种",即每种物种都代表了一类物质。其中,ALK5 由于代表的物种众多,本研究暂未对其第一级氧化反应进行直接模拟,而是沿用了 CMAQ 中基于烟雾箱实验回归的产率系数模拟其第一级氧化反应。而对于其他的前体物,均根据已知的化学反应模拟了其第一级氧化过程。其中,对于 ARO1 和 ARO2 采用了 MCMv3.2[54](http://mcm.leeds.ac.uk/MCMv3.2/)的产物种类,而双环过氧自由基相关产物的比例依据 Ziemann 和 Atkinson 等人[134]的研究确定,这样就保持了与第 2 章中箱式模型配置的一致性,详见 2.2.2.3 节。对于其他前体物,均采用了 MCMv3.2(http://mcm.leeds.ac.uk/MCMv3.2/)的第一级氧化产物及其产率。对于每种"替代物种"所代表的各种实际物种的比例,本研究沿用了 Calton 等人[23]确定 CMAQ 中 SOA 的产率系数时所采用的比例。例如,对于 TERP,Calton 等人[23]假定其由 40%的 α-蒎烯、25%的 β-蒎烯、15%的 Δ^3-蒈烯、10%的桧烯、10%的柠檬烯混合而成,本研究沿用这一假设,即 TERP 的第一级氧化产物由以上物种的第一级氧化产物按以上比例加权得到。与箱式模型一样,在确定所有产物及产率后,采用 SIMPOL 方法估算产物的挥发性,并将其分配到以 $\lg C^*$ 和 $O:C$ 为维度的二维空间中。

对于 2D-VBS 内的氧化反应,采用第 2 章提出的模型参数。对于人为源 SOA 的老化和自然源 SOA 的老化各有一套模型参数(2.2.6 节);对于 POA 和 IVOC 的氧化过程有 3 套模型参数(2.3.4 节),分别使得 OA 模拟值/OA 实测值的中位数=1.0,OA 模拟值/OA 实测值的 25%分位数=1.0,OA 模拟值/OA 实测值的 75%分位数=1.0,在下文中,分别将这 3 套模型配置称作 CMAQ/2D-VBSp50、CMAQ/2D-VBSp25、CMAQ/2D-VBSp75,分别简称为 VBSp50、VBSp25、VBSp75。

(4)颗粒物模块。采用气相-颗粒相吸收分配模型迭代计算各物种在气相和颗粒相之间的分配比例。需要指出的是,虽然采用 3 层 2D-VBS 分别模拟人为源 SOA 的老化过程、自然源 SOA 的老化过程和 POA/IVOC 的氧化过程,但有充分的研究[160,161]证明不同来源的 OA 在大气环境中可以形成混合物,因此在气粒分配的计算中需要同时考虑 POA 和各种路径形成的 SOA。除此之外,还需模拟颗粒物的非均相氧化反应,2D-VBS 中假定非均相反应的产物分布与气相反应完全一致,差别仅仅是反应速率不同。

3.1.2　我国 2010 年排放清单的建立

为满足空气质量模拟的需要,本研究采用"排放因子法"[35,162],建立了我国 2010 年二氧化硫(sulfur dioxide,SO_2)、氮氧化物(nitric oxides,NO_x)、PM_{10}、$PM_{2.5}$、炭黑(black carbon,BC)、OC、NMVOC 和氨(ammonia,NH_3)的排放清单。清单建立的方法学在本课题组此前的研究[35]中进行了详细介绍,以下仅简要介绍其要点。

对于大多数部门,其污染物排放量(除 BC、OC 外)根据分省的活动水平(如燃料消耗量、工业产品产量、溶剂使用量等)基于技术的无控排放因子和控制措施的应用比例进行计算,如式(3-1)和式(3-2)所示。BC、OC 的排

放量根据 $PM_{2.5}$ 排放量及 $PM_{2.5}$ 中 BC 和 OC 的比例进行估算。

$$E(P) = \sum_{i,j,m} A_{i,j,m} \operatorname{ef}(P)_{i,j,m} \tag{3-1}$$

$$\operatorname{ef}(P)_{i,j,m} = \operatorname{EF}(P)_{i,j,m} \sum_{n} (1 - \eta_{j,m,n}) X_{i,j,m,n} \tag{3-2}$$

其中,$E(P)$ 为污染物 P 的全国总排放;A 代表活动水平,如能源消费量、工业产品产量、溶剂使用量等;$\operatorname{ef}(P)$ 为经过控制技术削减后污染物 P 的排放因子;$\operatorname{EF}(P)$ 为无控情况下污染物 P 的排放因子;η 为控制技术的去除效率;X 为控制技术的应用比例,如果无控制措施,那么 $\eta = 0$、$X = 1$;i 代表地区(省、直辖市、自治区);j 为经济部门;m 代表能源技术类型;n 代表控制技术类型。

活动水平和各部门的能源技术分布来自于我国的统计数据[163-166]、相关技术报告[167-171]和需求侧模型估算[112]。对于排放因子,在此前研究[35]的基础上调研了最新的源测试结果,涉及电厂[172,173]、工业[174-179]、民用商用[180-182]、交通[183-185]、开放燃烧[186,187]、溶剂使用[188,189]、牲畜养殖[190,191]等部门,依据最新的研究结果对各部门的排放因子进行了更新。此外,本研究基于环保部等政府部门的公示信息、排放标准的变化以及一系列技术报告,确定了 2010 年污染控制技术的应用比例。

针对电力、钢铁、水泥等"大点源",研究根据单个机组的规模、燃料类型、污染控制技术等信息,采取自下而上的方法[172,175],估算了每个机组的排放量,并进一步汇总得到分省和全国的排放量。对于化肥施用造成的 NH_3 排放,Fu 等人[192]将 CMAQ 模型与一个农业生态模型相耦合,建立了中国网格化的农业化肥施用 NH_3 排放清单,本论文采用了该研究的结果。

经过计算,得到 2010 年主要污染物分部门和分省的排放量分别如表 3-1和表 3-2 所示。

空气质量模式 CMAQ 需要读入 NMVOC 和 $PM_{2.5}$ 分化学物种的排放量,因此,本研究采用此前研究的物种分配方法和分配系数[35,130],根据上述 NMVOC 和 $PM_{2.5}$ 的排放总量计算得到各化学物种的排放量。

为满足 CMAQ 模拟的要求,还需要将排放清单分配到模型网格中。本研究根据一定的代用参数(人口、国内生产总值(gross domestic product,GDP))等,将以行政区为单位的排放处理成以网格为单位的排放。具体来说,首先根据分县的 GDP(一产、二产、三产或总 GDP,因行业而异)将排放分配到县,然后根据网格化的人口(农村、城镇或总人口)和路网信息将分县的排放分配到网格中。大点源的排放量直接根据各个源的空间位置进行

表 3-1　2010 年主要污染物分部门排放量

万吨

部门	SO$_2$	NO$_x$	PM$_{10}$	PM$_{2.5}$	BC	OC	NMVOC	NH$_3$
电厂	638.6	815.6	107.9	63.4	1.3	0.9	4.8	0.1
工业锅炉	925.2	456.3	145.1	99.7	15.2	4.2	5.9	0.8
工业过程	512.3	494.2	671.9	433.7	53.2	45.4	594.8	20.7
水泥	132.6	235.8	279.6	177.7	1.0	3.1	22.7	—
钢铁	199.3	49.1	127.9	95.4	3.2	4.7	21.0	—
民用商用	277.0	128.5	443.1	400.9	94.2	204.0	449.3	9.1
生物质燃料	7.9	52.4	326.1	315.9	55.3	173.8	369.0	8.9
交通	80.6	660.6	46.0	43.6	23.2	11.7	341.7	0.3
道路交通	50.1	438.2	13.3	12.6	5.5	4.0	246.6	0.2
非道路交通	30.4	222.5	32.7	31.0	17.7	7.7	95.2	0.1
溶剂使用	—	—	—	—	—	—	748.0	—
其他	8.6	50.3	166.6	137.4	5.6	55.0	141.4	931.2
生物质开放燃烧	8.6	50.3	166.6	137.4	5.6	55.0	115.7	1.6
牲畜养殖	—	—	—	—	—	—	—	549.0
化肥施用	—	—	—	—	—	—	—	299.8
总计	2442.3	2605.5	1580.7	1178.6	192.6	321.3	2286.0	962.1

表 3-2 2010 年主要污染物分省排放量 万吨

地区	SO_2	NO_x	PM_{10}	$PM_{2.5}$	BC	OC	NMVOC	NH_3
北京	32.5	47.5	12.8	8.9	1.8	1.5	37.1	5.2
天津	33.2	40.8	15.1	11.5	1.8	2.4	29.5	4.5
河北	116.4	162.2	114.6	86.1	14.4	20.5	143.9	62.7
山西	102.3	105.3	62.9	47.1	10.5	12.1	64.0	19.7
内蒙古	105.4	116.1	55.4	41.3	9.0	11.4	56.9	36.6
辽宁	95.4	114.5	61.0	46.2	7.2	12.0	90.5	38.2
吉林	40.1	63.9	45.2	34.1	5.5	9.6	45.9	27.2
黑龙江	28.3	71.8	49.7	39.7	6.4	14.2	57.6	34.6
上海	62.0	46.8	16.0	11.2	1.3	1.1	54.1	4.1
江苏	118.5	174.3	96.9	70.3	8.8	16.7	193.3	46.2
浙江	159.2	126.7	48.5	32.7	3.7	5.1	158.6	17.3
安徽	57.6	99.0	78.4	60.9	9.8	21.4	104.1	41.7
福建	55.5	73.0	30.2	21.6	2.9	4.8	63.3	16.7
江西	39.0	49.9	38.4	26.1	3.7	6.4	45.9	23.9
山东	246.5	251.5	139.7	102.6	16.8	24.7	225.4	79.0
河南	118.7	186.0	114.9	84.7	12.3	21.4	136.0	95.4
湖北	118.2	96.2	77.5	56.9	10.8	15.7	91.1	43.5
湖南	84.9	84.0	70.1	51.0	8.4	14.4	75.7	48.3
广东	125.9	176.3	71.3	50.7	6.7	12.3	160.1	36.5
广西	79.8	58.2	58.8	45.6	5.2	13.8	73.6	35.2
海南	7.5	9.3	5.5	4.3	0.5	1.3	13.3	5.9
重庆	120.1	46.1	31.6	23.3	3.9	6.6	40.3	17.5
四川	170.9	97.8	85.2	66.8	10.4	23.2	127.9	78.6
贵州	95.4	51.7	44.6	35.3	8.2	12.3	35.0	24.9
云南	43.4	51.6	43.3	32.9	6.9	10.3	43.4	33.7
西藏	0.5	2.5	1.0	0.8	0.1	0.3	1.6	9.8
陕西	72.7	68.2	40.2	31.1	5.8	10.2	47.2	21.1
甘肃	27.6	45.6	24.5	19.3	3.4	6.0	24.7	16.5
青海	4.2	9.0	6.3	4.8	0.9	1.2	5.3	8.6
宁夏	26.7	30.2	11.9	8.4	1.2	1.4	8.2	4.0
新疆	54.0	49.1	29.3	22.5	4.2	6.8	32.7	24.8
总计	2442.3	2605.5	1580.7	1178.6	192.6	321.3	2286.0	962.1

定位,并利用气象模型生成的逐时气象场(3.1.3 节)计算其烟气抬升过程,从而得到逐时的、垂直分层的排放文件。农业化肥施用 NH_3 排放则直接采用了 Fu 等人[192]在线计算的网格化排放量。

在建立中国 2010 年排放清单的基础上,考虑到本研究比对的多数站点位于长三角地区(见图 3.1),采用 Fu 等人[189]建立的长三角地区 2010 年高精度排放清单替换了全国排放清单中上海、江苏、浙江三省的排放。如 3.2 节所述,考虑到一年的时间内排放量变化不大,本研究仍然采用了 2010 年的排放清单对 2011 年的部分时段进行了模拟。

最后,对于模拟域内其他国家的排放,本研究采用了 Zhang 等人[162]建立的 INDEX-B 排放清单。对于自然源的 NMVOC 排放,本研究采用了 MEGANv2.04(Model of Emissions of Gases and Aerosols from Nature version 2.04)[28]模型计算了自然源分物种的 NMVOC 排放量,并与上述人为源排放清单合并后,输入到模式中。

3.1.3　模拟系统的设置

为评估 OA 老化过程和 IVOC 氧化过程的影响,研究分别采用了默认的 CMAQ v5.0.1 以及 CMAQ/2D-VBS 对中国的 $PM_{2.5}$ 及其组成进行模拟,其中 CMAQ/2D-VBS 包括了 VBSp50、VBSp25、VBSp75 三种配置。接下来对所有模型都相同的参数设置和不同模型配置的差别进行介绍。

研究采用的模拟域覆盖了中国的大部分和东亚的部分地区,网格分辨率为 36km × 36km,如图 3.1 所示。模型采用兰伯特投影(Lambert conformal conic projection,LCC),两条真纬线分别为 $25°N$ 和 $40°N$,坐标原点是($34°N$,$110°E$),模拟域的西南角坐标是 $x = -2934km$,$y = -1728km$。为对典型区域的污染特征进行分析,模型还选定了 5 个典型区域,包括中国东部、华北平原、长三角地区、珠三角地区和四川盆地,如图 3.1 所示。模型在垂直方向上采用 σ 坐标,共分为 14 层,层底为地面,层顶取 100hPa,在行星边界层(planetary boundary layer,PBL)内分层比较密集,在高空则比较稀疏。模型采用的气相化学机制为 SAPRC99,采用的气溶胶机制为最新的 AERO6。在 AERO6 中,气溶胶粒径分布使用的是三模态假设,气溶胶热力学机制采用的是 ISORROPIA-Ⅱ。边界条件采用模型的默认边界场。

本研究采用由 NCAR 开发的中尺度气象预报模型 WRF(Weather Research and Forecasting Model)进行气象场的模拟,采用的版本是

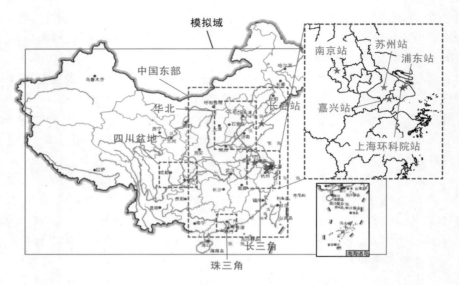

图 3.1 模拟域和观测站点示意图

蓝实线框为模拟域,5 个虚线框表示重点分析的区域,五角星表示加强观测站点,图中将长三角地区放大以便清晰的示意该范围内加强观测站点的位置。(审图号:GS(2016)1606 号,有修改)

WRFv3.3。WRF 模拟域的各边界均比 CMAQ 模拟域超出 3 个网格,以保证边界处气象模拟结果的准确性。在垂直方向上划分成 23 层,层顶取 100mb,与 CMAQ 的分层类似,PBL 内分层较密集而高空则较稀疏。土地利用类型和地形数据来自美国地质调查局(United States Geological Survey,USGS)。第一猜测场采用的是美国国家环境预报中心(National Centers for Environmental Prediction,NCEP)发布的全球对流层分析资料(ds083.2),时间分辨率为 6h,空间分辨率为 1°×1°。采用 NCEP 的高空观测数据(ds351.0)和地表观测数据(ds461.0)进行网格四维数据同化,以提高模拟结果的准确性。模型采用的物理机制如下:地表参数化方案为 Noah,辐射参数化方案为 rrtmg,积云参数化方案为 Grell-Devenyi,边界层参数化方案为 Mellor-Yamada-Janjic,微物理过程机制为 WSM 3-class。采用 MCIPv3.6(Meteorology-Chemistry Interface Processor version 3.6)将 WRF 输出的气象场处理成 CMAQ 需要的格式。

主要模拟时段为 2010 年的 1、5、8、11 共 4 个月,分别代表四季。此外,为与观测数据进行对比,模型还对部分典型时段进行了模拟,如表 3-3 所示。每个时段均提前 5 天开始模拟,以消除初始条件的影响。

表 3-3　模拟时段及各时段的目的

时段	目的
2010 年 1 月整月	分别代表四季,用于分析模拟结果的空间分布,评估 OA 老化过程和 IVOC 氧化过程的环境影响
2010 年 5 月整月	
2010 年 8 月整月	
2010 年 11 月整月	
2010 年 5 月 15 日—6 月 10 日	与上海浦东站 HR-ToF-AMS 观测数据对比
2010 年 6 月 29 日—7 月 16 日	与嘉兴站 HR-ToF-AMS 观测数据对比
2010 年 12 月 10 日—12 月 24 日	与嘉兴站 HR-ToF-AMS 观测数据对比
2011 年 3 月 21 日—4 月 24 日	与长岛站 HR-ToF-AMS 观测数据对比
2011 年 5 月 20 日—6 月 30 日	与长三角地区 4 个站点(上海浦东站、上海环科院站、南京站、苏州站)的长期连续观测数据进行对比
2011 年 7 月 20 日—8 月 20 日	
2011 年 11 月 7 日—11 月 30 日	
2011 年 12 月 20 日—12 月 31 日	

　　以下介绍默认的 CMAQ v5.0.1 与 VBSp50、VBSp25、VBSp75 三种 CMAQ/2D-VBS 配置不同的参数设置。CMAQ v5.0.1 中的 SOA 模块采用的是一个双产物模型。此外,CMAQ v5.0.1 引入了一个简单的 POA 氧化机制,其基本原理就是在 POA 中有机碳保持不变的情况下,假定每步大气氧化可使 POA 的氧含量有一定程度的升高,从而使 OA 的浓度增加[193]。本研究采用默认的 CMAQ v5.0.1 进行模拟旨在通过 CMAQ/2D-VBS 与默认 CMAQ v5.0.1 的对比,评估 OA 老化过程和 IVOC 氧化过程的影响,因此,本研究在默认 CMAQ v5.0.1 的基础上去掉了上述 POA 氧化机制,即假设 POA 不发生大气化学反应(与 CMAQ4.7.1 及以前的版本一致)。VBSp50、VBSp25、VBSp75 中 SOA 模块的设置已在 3.1.1 节中详细介绍,这里不再赘述。

　　CMAQ/2D-VBS 与普通 CMAQ 模型的另一个差别在于,它需要将 POA 和 IVOC 的排放量分配到 2D-VBS 中去。本研究采用的 POA 和 IVOC 挥发性分布和 O:C 随挥发性的变化如表 3-4 所示。需要指出的是,表中名为"与 POA 总质量浓度的比例"的列表示的是各挥发性区间的 POA 和 IVOC 质量浓度与 POA 总质量浓度的比例,由于表中同时给出了 POA 和 IVOC 的挥发性分布,因此该列数值总和大于 1。其中,汽油车、柴油车、生物质燃烧源排放的 POA 在 $\lg C^*$ 和 O:C 二维空间中的分配系数与

表 2-6 相同。其他源(主要是燃煤炉灶、工业源等)因缺少实测数据,假定其排放的 POA 的挥发性分布为以上三类源的平均水平,O∶C 随挥发性的变化趋势与汽油车、柴油车相同(均为化石燃料源)。根据 POA 在 lgC* 和 O∶C 二维空间中的分配系数可计算各类源 POA 与 OC 排放量的比例,进而根据排放清单中 OC 的排放量计算 POA 排放量。对于 IVOC,因传统的排放清单中没有将其包含在内,此前的模拟研究中多经验性地假设其为 POA 排放量的 1.5 倍[74,76,79,81,83],从而导致了很大的不确定性。在第 2 章中,根据实测的有机气体总浓度(或排放因子)和可识别物种的浓度(或排放因子),推算了每个实验的 IVOC 浓度(或排放因子),并用在了 2D-VBS 箱式模型中。结果表明,对于汽油车、柴油车和生物质燃烧,IVOC 的排放因子大约分别为 POA 的 30 倍、4.5 倍和 1.5 倍。对于其他源,因缺少实测数据,本研究中假定其 IVOC 排放因子介于柴油车与生物质源之间,即 IVOC 取 POA 的 3.0 倍。将排放清单中 POA 排放量乘以相应倍数,即得到 IVOC 排放量,并分配到 lgC* 为 4~6 的区间中,如表 3-4 所示。

表 3-4　POA 和 IVOC 的挥发性分布[a] 及 O∶C 随挥发性的变化

$lg[C^*/(\mu g \cdot m^{-3})]$	与 POA 总质量浓度的比例				O∶C			
	汽油车	柴油车	生物质燃烧	其他源	汽油车	柴油车	生物质燃烧	其他源
−2	0.27	0.030	0.200	0.167	0.13	0.13	0.28	0.13
0	0.15	0.250	0.100	0.167	0.11	0.11	0.24	0.11
1	0.26	0.370	0.100	0.243	0.09	0.09	0.20	0.09
2	0.15	0.240	0.200	0.197	0.06	0.06	0.16	0.06
3	0.03	0.060	0.100	0.063	0.03	0.03	0.12	0.03
4	6.14	0.950	0.600	0.763	0.00	0.00	0.08	0.00
5	10.50	1.575	0.525	1.050	0.00	0.00	0.08	0.00
6	13.50	2.025	0.675	1.350	0.00	0.00	0.08	0.00

a. 即各挥发性区间 POA 和 IVOC 的质量浓度与 POA 总质量浓度的比例。

3.2　模型系统的校验

在此前的研究中[22,194],已将气象参数的模拟结果与观测数据进行了对比校验,核心结果在附录 A 中给出。结果表明,WRFv3.3 模拟的气象参数与观测数据总体吻合良好。由于 O_3 是反映大气氧化性的重要污染物,对 SOA 的生成有重要作用,因此本研究将 O_3 的模拟结果与清华大学在长三角地区的加强观测数据[9]进行了对比,如附录 B 所示。结果表明,模型可以较好地模拟出 O_3 浓度的时间变化趋势:在春夏季,各站点的 O_3 浓度模拟值均与观测值吻合良好;而在秋冬季,部分站点吻合良好,部分站点则有所高估。

　　本节重点将 $PM_{2.5}$ 及其化学组分、特别是 OA 的模拟结果与观测数据进行对比校验。

3.2.1　模拟结果与 HR-ToF-AMS 观测数据的对比

　　HR-ToF-AMS 可以对颗粒物及其组分浓度进行高时间分辨率的观测;对于 OA,除观测其浓度外,还可观测其元素构成。如 2.3.2 节所述,采用 PMF 方法,还可以将 OA 分为 HOA、BBOA、SV-OOA 和 LV-OOA 等多个因子。其中 HOA 与 BBOA 分别与化石燃料和生物质燃烧排放的 POA 类似,可近似认为是 POA;SV-OOA 和 LV-OOA 与大气环境中观测的 OA 类似,可近似认为是 SOA,这样就可以得到 SOA 的浓度及占 OA 总浓度的比例。因此,HR-ToF-AMS 的观测数据是对 CMAQ/2D-VBS 模拟系统进行校验的最好的数据源。

　　本研究收集了目前国内 HR-ToF-AMS 的观测数据(如表 3-3 所示),包括 Huang 等人[153]在上海浦东站的观测结果;Huang 等人[154]在嘉兴近郊的观测结果,包括夏季和冬季两个时段;还有 Hu 等人[156]在长岛站的观测结果。三个站点的地理位置如图 3.1 所示。表 3-5 将气溶胶主要组分浓度、OA 的 O∶C 以及 SOA 占 OA 比例的模拟值与观测值进行了比较。如前所述,研究采用了 3 种 CMAQ/2D-VBS 模型配置,但由于 VBSp75 模拟的 OA 浓度明显低于观测值,因此表中只给出了 VBSp50 和 VBSp25 两种 CMAQ/2D-VBS 模型配置,以及默认 CMAQ v5.0.1 的模拟结果。研究采用了标准平均偏差(normalized mean bias,NMB)这一统计指标评估模拟值与观测值之间的差异,其定义如式(3-3)所示。

$$\mathrm{NMB} = \sum_1^N (S_i - O_i) \Big/ \sum_1^N O_i \qquad (3\text{-}3)$$

其中,S_i 为第 i 个时间点的模拟值;O_i 为第 i 个时间点的观测值;N 为时间点总个数。

　　从表 3-5 中可以看出,默认的 CMAQ v5.0.1、VBSp50、VBSp25 三种

表 3-5 各加强观测站点气溶胶模拟结果与 HR-ToF-AMS 观测数据的比较

	OA浓度/(μg·m⁻³)	EC浓度/(μg·m⁻³)	NO₃⁻浓度/(μg·m⁻³)	SO₄²⁻浓度/(μg·m⁻³)	NH₄⁺浓度/(μg·m⁻³)	O:C	POA浓度/(μg·m⁻³)	SOA浓度/(μg·m⁻³)	SOA比例/%
上海浦东站									
观测值	8.4	1.97	4.77	9.75	3.91	0.284	2.02	6.39	76.1
CMAQ	4.13 (−50.8%)	2.83 (43.8%)	5.59 (17.2%)	6.10 (−37.4%)	3.92 (0.1%)	—	3.71 (84.3%)	0.42 (−93.4%)	10.2 (−86.6%)
VBSp50	4.56 (−45.6%)	2.83 (43.7%)	5.64 (18.2%)	6.14 (−37.0%)	3.94 (0.8%)	0.288 (1.3%)	1.23 (−38.9%)	3.33 (−47.8%)	73.0 (−4.0%)
VBSp25	6.27 (−25.3%)	2.83 (43.7%)	5.66 (18.7%)	6.14 (−37.0%)	3.95 (1.0%)	0.313 (10.3%)	1.29 (−35.8%)	4.98 (−22.1%)	79.4 (−4.3%)
长岛站									
观测值	13.4	2.5	12.2	8.3	6.5	0.59	4.4	9.4	70.1
CMAQ	9.92 (−26.0%)	3.87 (54.9%)	13.01 (6.6%)	5.41 (−34.8%)	5.87 (−9.7%)	—	9.40 (114%)	0.52 (−94.5%)	5.2 (−92.5%)
VBSp50	9.33 (−30.4%)	3.85 (53.9%)	13.13 (7.6%)	5.45 (−34.4%)	5.92 (−8.9%)	0.330 (−44.0%)	3.21 (−27.0%)	6.12 (−34.9%)	65.6 (−6.5%)
VBSp25	13.22 (−1.3%)	3.85 (54.0%)	13.17 (8.0%)	5.46 (−34.2%)	5.93 (−8.8%)	0.359 (−39.2%)	3.36 (−23.7%)	9.86 (4.9%)	74.6 (6.4%)
嘉兴站(夏季)									
观测值	10.59	2.98	5.89	8.31	4.15	0.286	3.36	7.24	68.4
CMAQ	3.84 (−63.7%)	2.69 (−9.6%)	6.83 (15.9%)	9.11 (9.6%)	5.41 (30.3%)	—	2.85 (−15.2%)	1.00 (−86.3%)	25.9 (−62.1%)

续表

	OA 浓度 /(μg·m⁻³)	EC 浓度 /(μg·m⁻³)	NO₃⁻浓度 /(μg·m⁻³)	SO₄²⁻浓度 /(μg·m⁻³)	NH₄⁺浓度 /(μg·m⁻³)	O：C	POA 浓度 /(μg·m⁻³)	SOA 浓度 /(μg·m⁻³)	SOA 比例 /%
嘉兴站（夏季）									
VBSp50	4.77 (−55.0%)	2.70 (−9.3%)	6.89 (17.0%)	9.15 (10.1%)	5.45 (31.3%)	0.312 (9.1%)	1.05 (−68.6%)	3.72 (−48.7%)	78.0 (14.0%)
VBSp25	5.93 (−44.0%)	2.70 (−9.3%)	6.91 (17.3%)	9.15 (10.1%)	5.46 (31.6%)	0.321 (12.2%)	1.08 (−67.7%)	4.85 (−33.1%)	81.8 (19.6%)
嘉兴站（冬季）									
观测值	12.76	7.07	7.47	7.1	4.86	0.329	8.91/5.73ᵃ	3.93/7.03ᵃ	30.8/55.1ᵃ
CMAQ	9.09 (−28.8%)	5.25 (−25.8%)	9.21 (23.2%)	5.94 (−16.3%)	4.83 (−0.7%)	—	8.35 (−6.2%)/ 45.8%ᵇ	0.73 (−81.4%)/ (−89.6%)ᵇ	8.1 (−73.8%)/ −85.3%ᵇ
VBSp50	10.29 (−19.4%)	5.16 (−27.0%)	9.29 (24.4%)	6.04 (−15.0%)	4.87 (0.3%)	0.277 (−16.0%)	2.85 (−68.0%)/ −50.3%ᵇ	7.44 (89.4%)/ 5.8%ᵇ	72.3 (135%)/ 31.2%ᵇ
VBSp25	14.65 (14.8%)	5.17 (−26.9%)	9.32 (24.7%)	6.06 (−14.7%)	4.88 (0.6%)	0.297 (−9.8%)	2.98 (−66.5%)/ −47.9%ᵇ	11.66 (197%)/ 65.8%ᵇ	79.6 (159%)/ 44.5%ᵇ

注：表中括号外的数据为观测值/模拟值，括号内的数据为模拟值相对于观测值的 NMB。

a. 斜线左侧和右侧分别表示采用 PMF 法和 OC/EC 比值法估算的 POA 浓度、SOA 浓度和 SOA 比例。

b. 斜线左侧和右侧分别表示模拟值相对于 PMF 法和 OC/EC 比值法估算结果的 NMB。

模型配置模拟的 EC 和 SNA 浓度均非常接近。对于 EC,模型在部分站点(如上海浦东站、长岛站)有所高估,在部分站点(如嘉兴站)有所低估,平均来看与观测数据差异不大。由于 EC 是一次污染物,受局地源影响显著,而研究采用的 36km 分辨率的网格化清单难以识别监测点附近的局地源,因此出现上述偏差是合理的。对于 SNA,模型对 NO_3^- 的浓度高估 $6\%\sim25\%$,对 SO_4^{2-} 浓度总体有所低估(除夏季的嘉兴站以外低估 $15\%\sim37\%$,夏季的嘉兴站略有高估),对 NH_4^+ 的模拟结果总体来看与观测值吻合良好(除夏季的嘉兴站以外 NMB 在 $\pm10\%$ 以内,夏季的嘉兴站约高估 30%)。这一模拟结果与此前中国区域的模拟研究有较好的可比性[35,37,49]。模型未考虑 SO_2 在颗粒物表面的非均相氧化是导致硫酸盐低估的原因之一[26],而模型对硝酸盐的高估可能与 NH_3 排放清单的高估有关。

默认的 CMAQ v5.0.1 对 OA 的浓度有明显低估,各站点的 NMB 为 $-64\%\sim-26\%$,平均值为 -42%。总体来说,VBSp50 对 OA 浓度的模拟结果与默认的 CMAQ v5.0.1 相比略有改善。对于上海浦东站和冬、夏两个季节的嘉兴站,VBSp50 的 OA 模拟值均高于 CMAQ v5.0.1,NMB 由 $-64\%\sim-29\%$ 增加到 $-55\%\sim-19\%$,只有长岛站 VBSp50 的模拟值略低于 CMAQ v5.0.1。VBSp25 则明显地改善了 CMAQ v5.0.1 对 OA 浓度的模拟结果,各站点的 NMB 为 $-44\%\sim15\%$,平均值为 -14%。造成三种 CMAQ/2D-VBS 配置(VBSp75、VBSp50 和 VBSp25)模拟结果有较大差异的原因是 POA/IVOC 氧化机制的不同。例如,VBSp25 与 VBSp50 相比,两者假定的 POA/IVOC 气相反应速率分别为 $k=5\times10^{-11}$ cm^3/s 和 $k=4\times10^{-11}$ cm^3/s,前者大于后者;两者假定的裂解率分别为 $\beta=0.75(O:C)$ 和 $\beta=(O:C)^{0.4}$,对于相同的 $O:C$,前者小于后者。这两个关键参数的差异均导致 VBSp25 机制更有利于 SOA 的生成,因此 OA 模拟值低估幅度相对较小。这与第 2 章中稀释烟气氧化实验的模拟结果相一致。在第 2 章中,VBSp25 使得 OA 模拟值/OA 实测值的 25% 分位数等于 1.0(即 75% 实验的 OA 浓度高估、25% 的实验低估),而 VBSp50 使得 OA 模拟值/OA 实测值的中位数等于 1.0(即 50% 的实验高估、50% 的实验低估),可见,VBSp25 模拟的 OA 浓度明显高于 VBSp50。

对于 OA 中 SOA 的比例,如前所述,每个站点的数据均采用 PMF 的方法进行了估算。除此之外,嘉兴站还采用了 OC/EC 比值法进行了估算,其基本原理是首先确定一次排放中 POA 与 EC 的比值,用这一比值乘以大气中 EC 的浓度得到 POA 浓度的估计值,从大气 OA 浓度中扣除 POA 浓度得到的就是 SOA 浓度的估计值。在夏季,两种方法估计的 SOA 比例接近(分别为 68.4%和 64.2%),因此表 3-6 中仅给出了 PMF 法的估算结果;而在冬季,PMF 的估计值(30.8%)明显低于 OC/EC 比值法的估计结果(55.1%),表 3-6 中同时给出了两种方法的估算结果。默认的 CMAQ v5.0.1 模拟的 SOA 比例仅为 5%～26%,严重低估了实测的 SOA 比例。对于上海浦东站、长岛站和夏季的嘉兴站,VBSp50 和 VBSp25 模拟的 SOA 比例均与观测数据吻合良好,VBSp50 模拟结果的 NMB 为 -7%～14%,VBSp25 模拟结果的 NMB 为 4%～20%。VBSp25 略高于 VBSp50 的模拟结果是因为 VBSp25 的模型参数导致了更大的 SOA 生成量(见 2.3.4 节)。对于冬季的嘉兴站,基于实测数据采用 PMF 法和 OC/EC 比值法估计的 SOA 比例(分别为 30.8%和 55.1%)均低于 CMAQ/2D-VBS 的模拟值(72.3%～79.6%)。

　　造成这一误差的可能原因有多种。首先,是实测值和模拟值对于 SOA 的定义不同。在模拟中,假设 POA 只要发生一次化学反应,生成的物质就记为 SOA,这是从理论上最合理的 SOA 的定义。而 PMF 法是根据大气中 OA 的质谱与 POA 及充分老化的 SOA 质谱的相似性,确定 SOA 比例;对于一些较大的分子,在发生一次氧化反应后,分子的大部分可能仍与 POA 类似,因此大部分仍被记作 POA。另外,OC/EC 比值法背后的基本假设是 POA 是不挥发、不反应的,但实际情况下,POA 可以挥发并反应生成 SOA。因此,不管是用 PMF 法还是 OC/EC 比值法估算的 SOA 比例,都小于根据模型中的定义推算的 SOA 比例。造成了模拟的 SOA 比例在一定程度上高于观测值。其次,附录 B 的结果表明,模型对部分站点冬季的 O_3 浓度有所高估,如果对嘉兴站冬季观测时段内的 O_3 浓度也有高估,这将也是导致嘉兴站 SOA 比例偏高的原因之一。再次,本研究所用的 2D-VBS 模型参数是根据烟雾箱实验结果确定的,多数烟雾箱实验是在常温下开展的,而在冬季低温的条件下可能存在与常温下不同的化学机制,导致本研究采用的 2D-VBS 机制不能准确模拟冬季的 SOA 浓度。嘉兴站冬季 SOA 比例的模拟值明显偏高的原因,还需在今后的研究中进一步探究。

　　有机气溶胶的 O:C 是反映其老化程度的重要指标。对于上海浦东站和冬、夏两个季节的嘉兴站,模拟值都与观测值吻合良好,VBSp50 模拟结果的 NMB 为 -16%～9%,VBSp25 模拟结果的 NMB 为 -10%～12%。VBSp25 的模拟值略高于 VBSp50 的原因,一是 VBSp25 模拟的 SOA 比例较高,二是 VBSp25 假设了较高的气相老化反应速率,有利于生成老化程度较高的 SOA。对于长岛站，O：C 的模拟值（0.33~0.36）明显低于实测值（0.59）。从 Hu 等人[156] 的观测结果看，长岛站测得的 HOA 的 O：C 高达 0.34，这显著高于此前众多研究的观测结果（0.04~0.16，见 2.3.2 节），也显著高于本研究对于源排放中 POA 的 O：C 的假设（3.1.3 节），这是导致 O：C 模拟值低估的重要原因。这一方面说明长岛站的观测结果可能存在误差，另一方面，说明长岛站可能存在一些特殊的本地排放源。此外，长岛作为渤海湾中的海岛小城，虽有本地排放源，但很大一部分 SOA 已经经过充分老化。对长岛站 O：C 的模拟数值偏低，说明模型对于老化机制的假设可能过于保守。在第 2 章中，稀释烟气氧化实验的模拟结果仅与实测的 OA 浓度进行了比较，由于缺少 O：C 的实测数据，模型对于 O：C 的模拟效果不得而知，从长岛站的模拟结果看，模型有可能低估了 POA/IVOC 氧化过程导致的 O：C 的增加幅度。在 3.4 节的敏感性分析中，将对这点进行讨论。

3.2.2　模拟结果与长期连续观测数据的对比

目前中国的 HR-ToF-AMS 观测数据还很少，且持续时间均较短，因此本研究还选取了清华大学在长三角地区的加强观测结果[9] 用于模型校验。该研究提供了长三角地区 4 个站点（上海浦东站、上海环科院站、南京站、苏州站）4 个时段（见表 3-3）的 PM$_{2.5}$ 浓度及其化学组分观测数据，4 个时段分别代表 4 个季节。与前面 HR-ToF-AMS 的观测数据相比，这组观测数据持续时间较长，且覆盖了 4 个季节，可对模拟结果的时间趋势进行较系统的校验。

图 3.2~图 3.5 分别将 4 个站点 PM$_{2.5}$、OC、EC、NO$_3^-$、SO$_4^{2-}$ 和 NH$_4^+$ 的模拟值与观测值进行了对比。表 3-6 则给出了各站点、各时段和各污染物模拟结果的 NMB。其中，由于 EC、NO$_3^-$、SO$_4^{2-}$ 和 NH$_4^+$ 在不同模型配置中的模拟结果十分接近（参见表 3-5），因此图表中都只给出了默认 CMAQ v5.0.1 的模拟结果；对于 PM$_{2.5}$ 和 OC 则同时给出了默认 CMAQ v5.0.1 和 VBSp50、VBSp25 的模拟结果。从图 3.2~图 3.5 中可以看出，模型可以总体上模拟出 PM$_{2.5}$ 及其组分浓度的时间变化趋势，各站点、各物种模拟值与实测值的相关系数一般为 0.48~0.85，这意味着模型对气象场及传输、扩散等物理过程的模拟较好。对于 EC，模拟结果在部分站点（上海浦东站、上海环科院站）有所高估，在部分站点有所低估（南京站、江苏站）。如前所述，由于 36km 的网格难以准确模拟出站点附近局地源的影响，这一误差

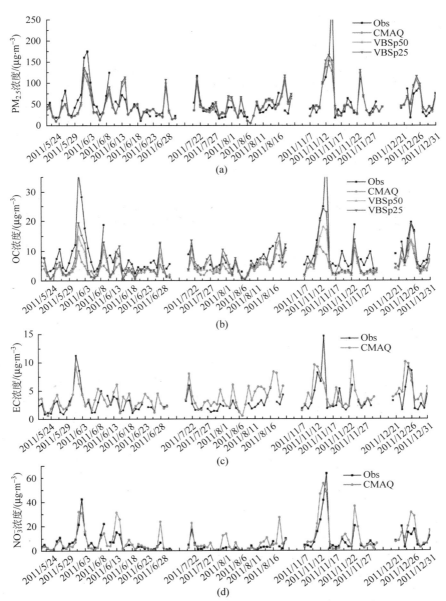

图 3.2　上海浦东站 PM$_{2.5}$ 及其组分模拟结果与观测数据的对比

（a）PM$_{2.5}$；（b）OC；（c）EC；（d）NO$_3^-$；（e）SO$_4^{2-}$；（f）NH$_4^+$

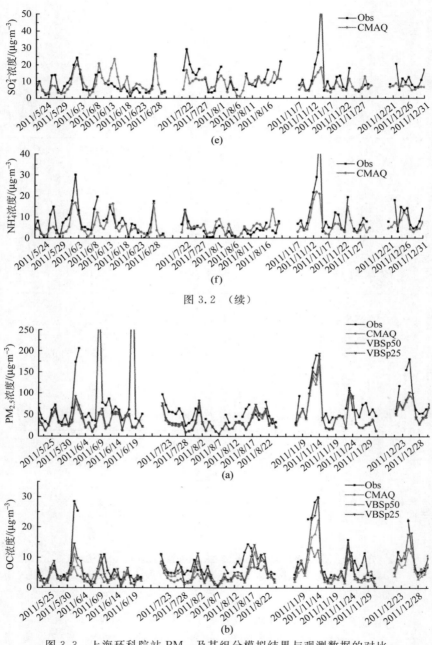

图 3.2　（续）

图 3.3　上海环科院站 PM$_{2.5}$ 及其组分模拟结果与观测数据的对比

（a）PM$_{2.5}$；（b）OC；（c）EC；（d）NO$_3^-$；（e）SO$_4^{2-}$；（f）NH$_4^+$

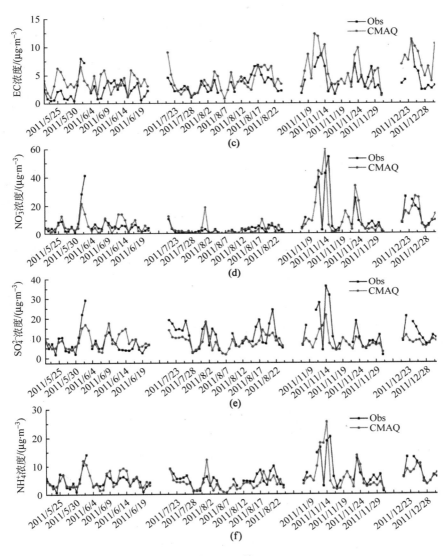

图 3.3　(续)

是合理的。对于 NO_3^-，模拟结果总体有所高估，如果取 4 个时段的平均值，那么 NMB 为 $8\%\sim61\%$，如果考虑不同时段之间的差别，NMB 的波动范围更大一些。对于 SO_4^{2-}，模型总体有所低估，4 个时段平均的 NMB 为 $-30\%\sim-20\%$，如果考虑单个时段，则少数时段可略有高估。NH_4^+ 的模拟结果介于 SO_4^{2-} 和 NO_3^- 之间，4 个时段平均的 NMB 为 $-17\%\sim12\%$。上

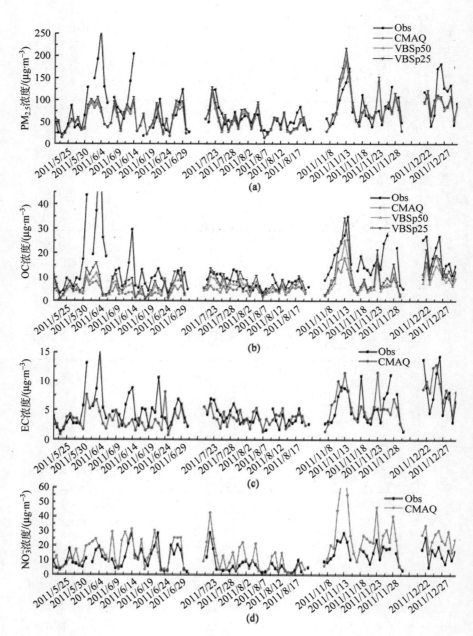

图 3.4　南京站 PM$_{2.5}$ 及其组分模拟结果与观测数据的对比

(a) PM$_{2.5}$；(b) OC；(c) EC；(d) NO$_3^-$；(e) SO$_4^{2-}$；(f) NH$_4^+$

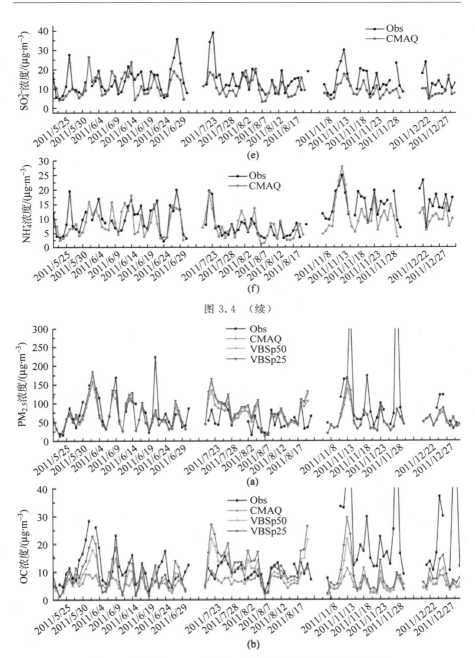

图 3.4　（续）

图 3.5　苏州站 $PM_{2.5}$ 及其组分模拟结果与观测数据的对比

（a）$PM_{2.5}$；（b）OC；（c）EC；（d）NO_3^-；（e）SO_4^{2-}；（f）NH_4^+

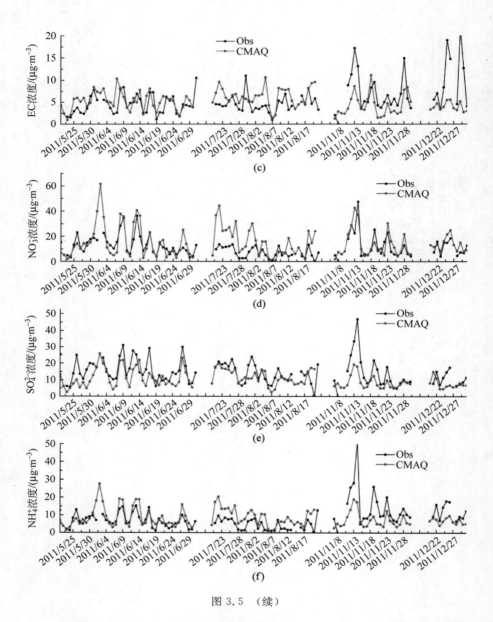

图 3.5　（续）

述 EC、NO_3^-、SO_4^{2-} 和 NH_4^+ 的模拟结果与表 3-5 中所示的 HR-ToF-AMS 观测站点的模拟结果有较好的一致性，也与此前中国区域的模拟研究有较好的可比性[35,37,49]。

表3-6　长三角地区各加强观测站点 PM₂.₅ 及其组分浓度模拟结果的 NMB

%

时段	PM₂.₅			OC			EC	NO₃⁻	SO₄²⁻	NH₄⁺
	CMAQᵃ	VBSp50	VBSp25	CMAQ	VBSp50	VBSp25	CMAQ	CMAQ	CMAQ	CMAQ
上海浦东站										
5.20—6.30	−18.0	−14.5	−10.5	−58.8	−52.2	−37.5	15.6	9.9	8.3	−30.0
5.31—6.4	−32.2	−25.5	−21.3	−74.0	−55.5	−42.2	—	—	—	—
7.20—8.20	12.8	19.3	24.1	−35.8	−18.2	0.4	57.3	97.9	−20.1	31.9
11.7—11.30	−14.2	−12.3	−7.7	−52.5	−50.2	−32.8	14.0	26.3	−35.4	−36.3
11.11—11.15	−28.9	−22.5	−17.4	−66.4	−44.1	−24.4	—	—	—	—
12.20—12.31	12.1	12.0	19.4	−34.1	−39.1	−16.0	33.4	44.0	−37.3	−33.0
12.25—12.27	10.8	14.1	23.5	−38.3	−31.3	−3.6	—	—	—	—
平均值	−1.8	1.1	6.3	−45.3	−39.9	−21.5	30.1	44.5	−21.1	−16.8
上海环科院站										
5.20—6.21	−57.2	−56.0	−53.8	−39.2	−39.1	−20.6	53.5	−8.8	9.8	2.6
5.31—6.4	−63.5	−59.5	−56.9	−80.1	−66.0	−55.0	—	—	—	—
7.20—8.20	−38.7	−34.6	−31.1	−45.5	−32.6	−16.6	22.5	40.1	−22.6	−17.1
11.7—11.30	−32.6	−31.6	−27.6	−41.8	−43.2	−24.8	34.6	−2.2	−37.0	−11.1
11.11—11.15	−22.7	−15.3	−9.5	−55.8	−30.2	−6.7	—	—	—	—
12.20—12.31	−29.7	−31.1	−26.7	−26.7	−39.2	−18.5	76.0	2.6	−31.8	−10.8
12.25—12.27	−32.5	−31.0	−25.0	−30.7	−26.9	1.4	—	—	—	—
平均值	−39.6	−38.3	−34.8	−38.3	−38.5	−20.1	46.7	7.9	−20.4	−9.1

续表

时段	PM$_{2.5}$			OC			EC	NO$_3^-$	SO$_4^{2-}$	NH$_4^+$
	CMAQ^a	VBSp50	VBSp25	CMAQ	VBSp50	VBSp25	CMAQ	CMAQ	CMAQ	CMAQ
南京站										
5.20—6.30	-32.1	-28.3	-24.1	-71.7	-63.3	-49.8	-34.8	32.8	-18.6	-12.5
5.31—6.4	-49.8	-46.1	-41.8	-72.6	-62.4	-47.6	—	—	—	—
7.20—8.20	-16.8	-11.8	-6.9	-44.4	-27.7	-6.5	-4.7	67.7	-25.7	2.9
11.7—11.30	1.7	3.7	9.6	-58.4	-57.3	-41.7	-0.2	78.0	-38.4	-23.7
11.11—11.15	10.0	17.4	26.3	-50.1	-30.8	-4.1	7.0	—	—	—
12.20—12.31	-17.5	-20.2	-15.1	-29.5	-43.6	-24.8	—	66.7	-35.2	-34.3
12.25—12.27	-40.0	-41.4	-37.0	-26.4	-36.8	-14.9	—	—	—	—
平均值	-16.2	-14.1	-9.1	-51.0	-48.0	-30.7	-8.2	61.3	-29.5	-16.9
苏州站										
5.20—6.30	-21.4	-17.0	-13.0	-51.0	-40.9	-23.9	20.7	10.0	-29.3	20.7
5.31—6.4	-17.9	-9.9	-4.5	-67.3	-46.0	-28.9	—	—	—	—
7.20—8.20	34.9	50.3	58.3	-29.3	11.3	37.5	50.3	118.9	-7.3	120.7
11.7—11.30	-52.1	-50.3	-47.1	-77.2	-73.8	-64.2	-36.6	8.7	-41.9	-50.4
11.11—11.15	-51.9	-46.2	-41.4	-79.9	-62.9	-48.3	—	—	—	—
12.20—12.31	-28.3	-27.3	-21.5	-81.5	-80.4	-72.0	-68.1	39.7	-42.4	-43.5
12.25—12.27	-40.6	-38.4	-32.2	-75.1	-69.4	-55.5	—	—	—	—
平均值	-16.7	-11.0	-5.8	-59.8	-45.9	-30.6	-8.4	44.3	-30.2	11.9

a. 受表格宽度的限制，表中用"CMAQ"代表"CMAQ v5.0.1"。

对于 OC,与前面的 HR-ToF-AMS 观测站点类似,默认的 CMAQ v5.0.1 显著低估了实测的 OC 浓度,4 个时段的平均 NMB 为 $-60\%\sim-39\%$。各个时段的低估程度有所不同,但几乎都在 30% 以上。总体来说,VBSp50 的模拟结果相对于默认的 CMAQ v5.0.1 略有改善,低估的幅度平均减少了 $3\%\sim5\%$。VBSp25 的模拟结果则显著改善了 OC 的模拟结果,4 个时段的平均 NMB 为 $-30\%\sim-20\%$。其中春季(5 月 20 日—6 月 30 日)和夏季(7 月 20 日—8 月 20 日)模拟结果的改进幅度较大,而秋季(11 月 7 日—11 月 30 日)和冬季(12 月 20 日—12 月 31 日)改进幅度较小。这是因为模型假定 POA 可挥发,使得相比于默认的 CMAQ v5.0.1 减少了部分 POA 的浓度而大大增加了 SOA 的浓度。春季、夏季温度较高,光化学反应活跃,有利于 SOA 的生成,从而使得模拟结果有更大幅度的改善。

作为所有组分的加和,默认的 CMAQ v5.0.1 对 $PM_{2.5}$ 浓度总体有所低估,4 时段平均的 NMB 为 $-40\%\sim-2\%$,各站点平均为 -19%。对 OC 浓度的低估是导致 $PM_{2.5}$ 总浓度被低估的重要原因。VBSp50 的模拟结果相对于默认的 CMAQ v5.0.1 略有改善,低估的程度平均减少了 $2\%\sim5\%$。VBSp25 的模拟结果则有明显改善,4 个时段的平均 NMB 为 $-35\%\sim6\%$,各站点平均为 -11%。2D-VBS 对 OC 模拟值的升高是导致 $PM_{2.5}$ 总体模拟结果改善的主要原因。

从图 3.2~图 3.5 中可以看出,默认的 CMAQ v5.0.1 对于重污染时段下 OC 浓度和 $PM_{2.5}$ 浓度的低估幅度一般大于较长时段内的平均值,这是目前广泛应用的空气质量模型所面临的共同问题[26,195,196]。造成这一问题的原因有多种:一是重污染时段中二次气溶胶的比例一般很高[197],CMAQ v5.0.1 对光化学反应的模拟误差,特别是对 SOA 生成的低估是导致重污染时段 $PM_{2.5}$ 低估的重要原因;二是 CMAQ v5.0.1 未考虑气溶胶与气象之间的反馈(包括直接效应和间接效应),而该过程一般可提升 $PM_{2.5}$ 浓度[196,198,199],在重污染时段作用尤为明显[196,198];三是某些重污染时段中存在模型未准确表征的特殊排放源,例如,研究表明[200]5 月 28 日至 6 月 6 日间有大规模的生物质开放燃烧,而目前模型所用的排放清单中未能对生物质开放燃烧排放进行准确的时间和空间分配,从而导致该时段 OC 和 $PM_{2.5}$ 浓度低估;四是可能还有其他模型尚未包括的化学机制,例如 SO_2 的非均相氧化机制[26]。

由于对 SOA 光化学反应机制的改善,2D-VBS 特别有利于改善对重污染时段的模拟结果。表 3-5 中对 5 月 31 日—6 月 4 日,11 月 11 日—11 月 15 日和 12 月 25 日—12 月 27 日三个重污染时段内模拟值相对于观测值的误差进行了统计分析,结果证实了上述结论。以 11 月 11 日—11 月 15 日的重污染时段为例,默认 CMAQ v5.0.1 对 OC 浓度模拟结果的 NMB 为－80％～－50％,平均为－63％。而 VBSp50 和 VBSp25 的模拟结果的平均 NMB 分别为－42％和－20％,结果改善幅度之大明显超过各时段的平均水平。

以上是将离线观测的 $PM_{2.5}$ 及其组分的日均浓度与模拟结果进行了对比,除此之外,上述观测行动中还在线观测了逐时的 $PM_{2.5}$ 浓度。利用这部分数据,我们对模型模拟的 $PM_{2.5}$ 浓度一日内变化趋势进行了校验,详见附录 C。结果表明,默认的 CMAQ v5.0.1 可以大致模拟出一天内 $PM_{2.5}$ 浓度的变化趋势,但模拟的昼夜浓度差比观测结果明显偏大,即对白天的 $PM_{2.5}$ 浓度明显低估,对夜间的 $PM_{2.5}$ 浓度低估较少或略有高估。CMAQ/2D-VBS(特别是 VBSp25)在一定程度上改善了白天 $PM_{2.5}$ 浓度低估的问题,从而在一定程度上改善了 $PM_{2.5}$ 浓度日内变化趋势的模拟结果。

综上所述,默认的 CMAQ v5.0.1 对 OA(或 OC)的浓度有显著低估,各站点的 NMB 为－64％～－26％,平均约为－45％。VBSp50 对 OA(或 OC)浓度的模拟结果与默认的 CMAQ v5.0.1 相比略有改善。VBSp25 则明显地改善了 CMAQ v5.0.1 对 OA(或 OC)浓度的模拟结果,各站点的 NMB 在－44％～15％之间,平均值约－19％。更为重要的是,VBSp50 和 VBSp25 显著改善了 CMAQ v5.0.1 对 OA 中 SOA 比例的模拟结果。此外,VBSp50 和 VBSp25 能较好地模拟出大多数站点的 O:C 值。由于 VBSp25 的模拟结果总体上明显好于 VBSp50,可以认为 VBSp25 是更符合实际大气化学过程的模型配置,因此,在接下来的结果分析中均采用 VBSp25 的模拟结果。

3.3　OA 老化过程和 IVOC 氧化过程的影响分析

VBSp25 与默认 CMAQ v5.0.1 模拟结果的差异,反映了 OA 老化过程和 IVOC 氧化过程的环境影响。如 1.2.3 节所述,本研究中"OA 老化过程和 IVOC 氧化过程"包括传统前体物生成 SOA 的老化过程、POA 的老化过程(即 SVOC 挥发-氧化-再分配过程)和 IVOC 氧化生成 SOA 的过程,即传统模拟方法所没有模拟到的氧化过程。3.3.1 节首先总体评估了 OA 老化过程和 IVOC 氧化过程对 OA 的影响,3.3.2 节进一步分别评估人为源非甲烷挥发性有机物(anthropogenic NMVOC,AVOC)、自然源非甲烷挥发性有机物(biogenic NMVOC,BVOC)、POA 和 IVOC 及其相应的老化/氧化过程对 OA 的影响。

3.3.1　OA 浓度和 O∶C 值

3.3.1.1　OA 浓度

图 3.6 和图 3.7 分别给出了 2010 年 1、5、8、11 月中国区域 OA 和 SOA 浓度模拟结果的空间分布。表 3-7 统计了中国东部、京津冀、长三角地区、

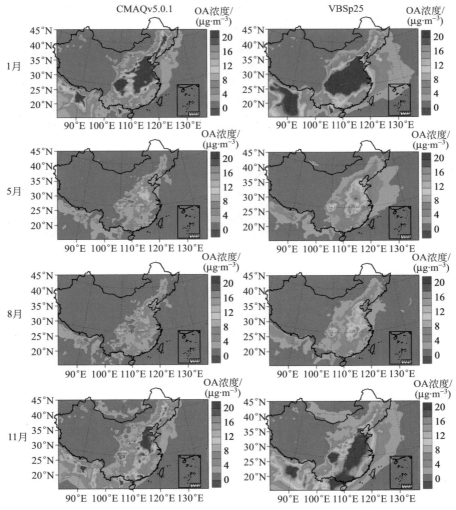

图 3.6　2010 年 1、5、8、11 月中国区域 OA 浓度模拟结果的空间分布

（审图号：GS(2016)1595 号，有修改）

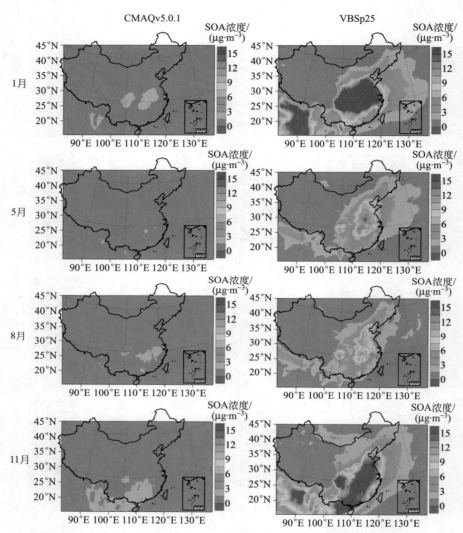

图 3.7　2010 年 1、5、8、11 月中国区域 SOA 浓度模拟结果的空间分布
（审图号：GS(2016)1595 号，有修改）

珠三角地区和四川盆地 5 个重点区域平均的 OA 浓度和 SOA 浓度。从图 3.6 和图 3.7 可以看出，中国 OA/SOA 浓度较高的区域集中在中国东部。由于排放强度大，OA 浓度均较高，华北平原、长三角地区、四川盆地、珠三角地区等重点城市群地区是我国污染控制的重点区域。此外，从图 3.6 和图 3.7 可以看出，以河南南部和湖北中部为代表的华中地区也出现了明

表 3-7　各重点区域 OA 浓度、SOA 浓度及 O∶C 的模拟结果

污染物	中国东部		华北平原		长三角地区		珠三角地区		四川盆地	
	CMAQ[a]	VBSp25	CMAQ	VBSp25	CMAQ	VBSp25	CMAQ	VBSp25	CMAQ	VBSp25
OA 浓度/($\mu g \cdot m^{-3}$)										
1 月	14.04	17.96	22.31	21.04	13.01	20.51	7.18	7.94	27.47	38.43
5 月	4.12	6.75	5.53	9.36	4.46	8.64	4.49	5.38	5.67	7.55
8 月	3.88	6.06	5.32	8.57	3.90	7.06	5.85	7.23	5.74	7.81
11 月	9.50	13.93	14.06	13.64	8.69	16.50	11.83	18.77	9.86	16.03
平均	7.89	11.18	11.81	13.15	7.52	13.18	7.34	9.83	12.18	17.46
SOA 浓度/($\mu g \cdot m^{-3}$)										
1 月	0.90	12.91	0.76	12.15	1.13	16.17	0.76	5.68	1.78	27.89
5 月	0.60	5.62	0.45	7.66	0.78	7.45	0.76	4.13	0.67	5.90
8 月	0.85	5.07	0.66	6.99	1.31	6.18	1.21	5.56	1.01	6.20
11 月	0.89	10.84	0.40	8.35	0.97	13.76	2.22	15.15	1.07	12.92
平均	0.81	8.61	0.57	8.79	1.05	10.89	1.23	7.63	1.14	13.23
O∶C										
1 月	—	0.308	—	0.256	—	0.328	—	0.332	—	0.344
5 月	—	0.378	—	0.370	—	0.389	—	0.352	—	0.379
8 月	—	0.382	—	0.373	—	0.380	—	0.351	—	0.388
11 月	—	0.336	—	0.272	—	0.356	—	0.376	—	0.380
平均	—	0.351	—	0.318	—	0.363	—	0.353	—	0.373

a. 受表格宽度的限制，表中用"CMAQ"代表"CMAQ v5.0.1"。

显的高 OA 浓度区,整个中国东部的高浓度区有连成片的趋势。总体来说,秋冬季的 OA 浓度明显高于春夏季,这主要是因为秋冬季的扩散条件较差,以及冬季采暖导致排放强度较大。

从图 3.6 和表 3-7 可以看出,在大多数季节、大部分区域,VBSp25 模拟的 OA 浓度明显高于默认的 CMAQ v5.0.1 的模拟结果,意味着 OA 老化过程和 IVOC 氧化过程总体上可使 OA 浓度增加。从整个中国东部的平均值来看,VBSp25 模拟的 4 个月平均 OA 浓度($11.18\mu g/m^3$)比默认的 CMAQ v5.0.1($7.89\mu g/m^3$)增加了 42%,其中 1、5、8、11 这 4 个月的增加幅度分别为 30%、64%、56% 和 47%。可以看出,OA 老化过程和 IVOC 氧化过程导致的 OA 浓度增加幅度在春夏季最大,然后依次是秋季、冬季,这主要是因为春夏季光照充足、气温较高,有利于光氧化反应的进行,因此 OA 老化过程和 IVOC 氧化过程的影响格外突出。从不同区域来看,在华北平原、长三角地区、珠三角地区、四川盆地,VBSp25 模拟的 4 个月平均 OA 浓度相对于 CMAQ v5.0.1 分别增加了 11%、75%、34% 和 43%。华北平原增加幅度最小,这是因为华北在秋冬季气温低,光氧化反应速率慢,由于光氧化反应导致的 OA 浓度的增加幅度,不足以抵消因为 POA 中的 SVOC 挥发导致的 OA 浓度的降低幅度,导致 VBSp25 模拟的 OA 浓度略低于默认的 CMAQ v5.0.1(见表 3-7),从而拉低了 4 个月平均 OA 浓度的增幅。其他 3 个区域因 OA 老化过程和 IVOC 氧化过程导致的 OA 浓度增幅都在 34% 以上。单从光氧化反应速率上看,珠三角地区的增幅应最大,但实际上其增幅小于长三角地区。这一是因为珠三角地区温度过高,反而不利于半挥发性有机物分配到颗粒相;二是由于该区域面积小且扩散条件好,在城区排放并挥发的 POA 可在该区域内重新生成气溶胶的比例低。

从图 3.6 中还可以看出一个显著的特征:VBSp25 模拟的 OA 浓度的空间分布要比 CMAQ v5.0.1 更加"均匀"。这是因为 CMAQ v5.0.1 中的 OA 浓度主要是 POA,其分布自然会集中于排放源附近;而 VBSp25 模拟结果中大部分是 SOA,因此空间分布较为均匀。从图中可以看出,在部分城区,VBSp25 模拟的 OA 浓度会小于 CMAQ v5.0.1,但在区域的尺度上,VBSp25 的模拟结果则一般显著高于 CMAQ v5.0.1。此前研究中采用 1D-VBS 的模拟结果已经表明,考虑 POA 的挥发-氧化-再分配过程有利于改善对城乡 OA 浓度梯度的模拟结果[76]。

对于 SOA,从图 3.7 和表 3-7 中可以看出,VBSp25 模拟的 SOA 浓度远高于默认的 CMAQ v5.0.1 的模拟结果。从整个中国东部的平均值来看,VBSp25 模拟的 4 个月平均 SOA 浓度($8.61\mu g/m^3$)是 CMAQ v5.0.1($0.81\mu g/m^3$)的 10.6 倍;且对于每一个月,前者均为后者的 6 倍以上。从不同区域来看,在华北平原、长三角地区、珠三角地区、四川盆地,VBSp25模拟的 4 个月平均 SOA 浓度分别为 CMAQ v5.0.1 模拟结果的 15.4 倍、10.4 倍、6.2 倍和 11.6 倍。华北平原的增幅最大而珠三角地区最小,这是因为默认的 CMAQ v5.0.1 中模拟的珠三角地区 SOA 浓度相对较高(因光氧化速率大),因此 VBSp25 相对于 CMAQ v5.0.1 增加的倍数就相应较小。

3.3.1.2　气溶胶 O：C

如前所述,O：C 可有效地表征 OA 的老化程度。图 3.8 给出了VBSp25 模拟的有机气溶胶 O：C 的空间分布。表 3-7 统计了中国东部、京津冀、长三角地区、珠三角地区和四川盆地 5 个重点区域平均的 O：C。从图 3.8 中可以看出,春、夏季的 O：C 明显高于秋、冬季,这是因为春夏季光化学反应活跃,有利于生成高度老化的 SOA。对于所有季节,O：C 的最高值均出现在海洋,其次是排放强度较低的西部地区。这是因为这些地区一次排放很少,且距离排放源较远,OA 在传输到这些区域的过程中经历了充分的老化,导致 O：C 很高。对于 OA 的高浓度区——中国东部,在春夏

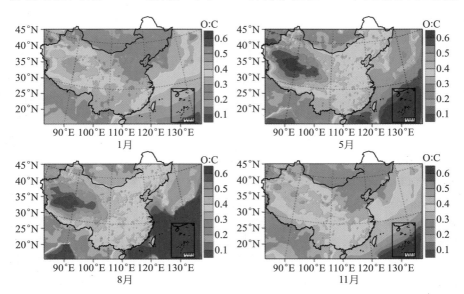

图 3.8　2010 年 1、5、8、11 月 VBSp25 模拟的有机气溶胶 O：C 的空间分布

(审图号:GS(2016)1595 号,有修改)

季,南北方 O∶C 的差异不大,这是因为夏季南北方普遍高温,光化学反应都比较活跃,而在秋冬季,南方的 O∶C 明显高于北方,这是因为北方温度低辐射弱导致光化学反应较弱的缘故。从图中还可以看出,在大型城市群的中心,会出现小范围的 O∶C 的"低谷",这是因为,城市群中心地区一次排放强度大,POA 的比例较高,从而导致平均 O∶C 较低。

3.3.2 各污染物类别的贡献

上节总体上分析了 OA 老化过程和 IVOC 氧化过程的影响,本节将分别评估 AVOC、BVOC、POA 和 IVOC 及其相应的老化/氧化过程对 OA 和 SOA 浓度的贡献。

CMAQ v5.0.1 未考虑 IVOC 的排放,而 AVOC、BVOC 和 POA 对 OA/SOA 浓度的贡献都可以从模拟结果中直接提取出来。对于 VBSp25,由于采用了 3 层 2D-VBS 分别模拟人为源 SOA 的老化过程、自然源 SOA 的老化过程和 POA/IVOC 的氧化过程,AVOC 和 BVOC 对 OA/SOA 浓度的贡献可以直接从模型中提取出来。为区分 POA 和 IVOC 的贡献,本研究采用"强力法",即分别将 POA 和 IVOC 的排放量关停,基准排放量对应的 OA(或 SOA)浓度模拟值与 POA/IVOC 关停时 OA(或 SOA)浓度的模拟值之差即为 POA/IVOC 对 OA(或 SOA)浓度的贡献。各污染物类别对 OA 和 SOA 浓度的贡献量分别如表 3-8 和表 3-9 所示。

根据 VBSp25 的模拟结果,对于整个中国东部,AVOC、BVOC、POA 和 IVOC 对 4 个月平均 OA 浓度的贡献分别为 $1.02\mu g/m^3(8.7\%)$、$0.63\mu g/m^3$ (5.4%)、$4.71\mu g/m^3(40.2\%)$ 和 $5.36\mu g/m^3(45.7\%)$;对 SOA 的贡献则分别为 $1.02\mu g/m^3(11.4\%)$、$0.63\mu g/m^3(7.0\%)$、$2.15\mu g/m^3(24.0\%)$ 和 $5.14\mu g/m^3(57.5\%)$。需要说明的是,IVOC 对 OA 浓度和 SOA 浓度的贡献量是相同的,只是因采用"强力法"评估 IVOC 的贡献时,IVOC 排放量关停后使 OA 总浓度下降,影响了所有 OA 组分的气粒分配,才造成上面 $5.36\mu g/m^3$ 和 $5.14\mu g/m^3$ 的微小差异。可以看出,根据 VBSp25 的模拟结果,IVOC 是 SOA 浓度的最主要贡献源,POA 的贡献也高于 NMVOC (AVOC+BVOC),这与默认 CMAQ v5.0.1 的模拟结果形成了显著的对比,后者认为只有 AVOC 和 BVOC 才是 SOA 的前体物。

各类污染物对 OA 和 SOA 的贡献在不同季节、不同区域都有所差异。对于整个中国东部,IVOC 对 1 月、5 月、8 月、11 月 SOA 浓度的贡献分别为 60.4%、55.3%、48.1% 和 59.8%,POA 对 4 个月 SOA 浓度的贡献分别为

27.1％、21.5％、18.6％和 24.3％,而传统的 NMVOC 对 4 个月 SOA 浓度的贡献分别为 12.5％、23.2％、33.3％和 16.0％。可以看出,对于所有季节,IVOC 都是 SOA 的最主要来源,POA 与 NMVOC 的相对贡献大小因不同季节而异。在秋冬季,IVOC 和 POA 对 SOA 浓度的贡献率比平均水平高一些;在春夏季,传统 NMVOC 的贡献率比平均水平高一些。这一方面是因为春夏季 NMVOC 排放相对较高(如自然源、溶剂使用源),而冬季采暖导致 POA 和 IVOC 排放相对较高;另一方面,NMVOC 生成 SOA 的过程对氧化剂浓度更加敏感,春夏季的高氧化剂浓度会增加 NMVOC 的贡献率。在 NMVOC 中,AVOC 和 BVOC 的相对贡献在不同季节差异很大。例如,1 月 AVOC 贡献的 SOA 相当于 BVOC 的 7 倍,而 8 月 AVOC 的贡献仅为 BVOC 的 56％,这主要是因为夏季 BVOC 的排放量远远大于冬季。对于华北平原、长三角地区、珠三角地区、四川盆地四个重点区域,IVOC 均是 SOA 的最主要来源,对 SOA 浓度贡献率为 49.8％～60.1％;POA 与 NMVOC 的相对贡献大小因不同区域而异。在北方,IVOC 和 POA 的相对贡献率大于南方,南方的 NMVOC 的相对贡献率则大于北方。例如,NMVOC 对华北平原和珠三角的 SOA 浓度贡献率分别为 12.8％和 30.7％。在 NMVOC 中,华北平原 AVOC 对 SOA 浓度的贡献率(10.3％)远大于 BVOC(2.5％);而在珠三角地区,两者的贡献则比较接近。造成各区域之间差异的原因,与上述造成不同季节之间差异的原因比较类似,是由于不同区域源排放的差异和氧化剂浓度的差异导致的,这里不再赘述。

　　以上基于 VBSp25 的模拟结果,分析了各污染物类别对 OA/SOA 浓度的贡献。将 VBSp25 的模拟结果与默认 CMAQ v5.0.1 进行比较,则可以分析各类污染物老化/氧化过程的影响。从表 3-8 和表 3-9 可以看出,对于整个中国东部,VBSp25 模拟的 AVOC 和 BVOC 对 4 个月平均 OA(或 SOA)浓度的贡献量($1.02\mu g/m^3$ 和 $0.63\mu g/m^3$),分别比 CMAQ v5.0.1 的模拟结果($0.38\mu g/m^3$ 和 $0.41\mu g/m^3$)高 168％和 54％。这一差异分别反映了人为源 SOA 老化过程和自然源 SOA 老化过程的影响。需要指出的是,真实的老化过程的影响,略小于上述比例,因为 VBSp25 模拟的 OA 浓度总体高于 CMAQ v5.0.1,导致分配到颗粒相的半挥发性有机物比例较大。在不同季节、不同区域,传统前体物生成 SOA 的老化过程对 SOA 浓度的影响有所差异。在不同季节,人为源 SOA 老化可使得中国东部由 AVOC 生成的 SOA 浓度增加 141％～208％,自然源 SOA 老化可使的中国东部由 BVOC 生成的 SOA 浓度变化−22％～92％。在华北平原、长三角地区、珠

表 3-8　各污染物类别对 OA 浓度的贡献量

μg/m³

污染物	中国东部		华北平原		长三角地区		珠三角地区		四川盆地	
	CMAQ[a]	VBSp25	CMAQ	VBSp25	CMAQ	VBSp25	CMAQ	VBSp25	CMAQ	VBSp25
1月										
AVOC	0.61	1.47	0.54	1.20	0.85	2.55	0.42	1.05	1.30	2.84
BVOC	0.27	0.21	0.22	0.06	0.27	0.22	0.30	0.39	0.46	0.38
POA	13.14	8.68	21.55	12.92	11.88	8.46	6.43	3.63	25.68	18.35
IVOC	—	8.50	—	8.30	—	10.46	—	3.31	—	18.25
5月										
AVOC	0.24	0.74	0.28	0.98	0.38	1.41	0.25	0.77	0.23	0.58
BVOC	0.34	0.61	0.16	0.26	0.37	0.74	0.47	0.76	0.41	0.74
POA	3.53	2.38	5.08	3.49	3.67	2.59	3.74	2.07	5.00	3.18
IVOC	—	3.32	—	4.98	—	4.36	—	2.11	—	3.37
8月										
AVOC	0.22	0.63	0.31	1.00	0.30	1.04	0.28	1.01	0.26	0.62
BVOC	0.59	1.13	0.31	0.55	0.96	1.99	0.87	1.46	0.71	1.27
POA	3.03	1.97	4.66	3.08	2.59	1.70	4.65	2.64	4.73	3.05
IVOC	—	2.63	—	4.32	—	2.72	—	2.62	—	3.25
11月										
AVOC	0.43	1.23	0.26	0.64	0.62	2.17	0.82	2.42	0.55	1.43
BVOC	0.45	0.56	0.14	0.06	0.33	0.42	1.37	2.05	0.50	0.60

续表

μg/m³

污染物	中国东部 CMAQ[a]	中国东部 VBSp25	华北平原 CMAQ	华北平原 VBSp25	长三角地区 CMAQ	长三角地区 VBSp25	珠三角地区 CMAQ	珠三角地区 VBSp25	四川盆地 CMAQ	四川盆地 VBSp25
					11月					
POA	8.61	5.81	13.66	7.95	7.73	5.79	9.61	6.73	8.78	6.42
IVOC	—	6.98	—	5.86	—	8.95	—	8.61	—	8.12
					平均					
AVOC	0.38	1.02	0.35	0.95	0.54	1.79	0.44	1.31	0.58	1.37
BVOC	0.41	0.63	0.21	0.23	0.48	0.84	0.75	1.16	0.52	0.75
POA	7.08	4.71	11.24	6.86	6.47	4.63	6.11	3.77	11.05	7.75
IVOC	—	5.36	—	5.86	—	6.62	—	4.16	—	8.25

a. 受表格宽度的限制,表中用"CMAQ"代表"CMAQ v5.0.1"。

表 3-9　各污染物类别对 SOA 浓度的贡献量

μg/m³

污染物	中国东部 CMAQ[a]	中国东部 VBSp25	华北平原 CMAQ	华北平原 VBSp25	长三角地区 CMAQ	长三角地区 VBSp25	珠三角地区 CMAQ	珠三角地区 VBSp25	四川盆地 CMAQ	四川盆地 VBSp25
					1月					
AVOC	0.61	1.47	0.54	1.20	0.85	2.55	0.42	1.05	1.30	2.84
BVOC	0.27	0.21	0.22	0.06	0.27	0.22	0.30	0.39	0.46	0.38
POA	0.00	3.64	0.00	4.04	0.00	4.13	0.00	1.37	0.00	7.82
IVOC	—	8.11	—	7.78	—	10.06	—	3.17	—	17.37

续表

污染物	中国东部		华北平原		长三角地区		珠三角地区		四川盆地	
	CMAQ[a]	VBSp25	CMAQ	VBSp25	CMAQ	VBSp25	CMAQ	VBSp25	CMAQ	VBSp25
5月										
AVOC	0.24	0.74	0.28	0.98	0.38	1.41	0.25	0.77	0.23	0.58
BVOC	0.34	0.61	0.16	0.26	0.37	0.74	0.47	0.76	0.41	0.74
POA	0.00	1.25	0.00	1.79	0.00	1.40	0.00	0.82	0.00	1.53
IVOC	—	3.22	—	4.80	—	4.23	—	2.04	—	3.25
8月										
AVOC	0.22	0.63	0.31	1.00	0.30	1.04	0.28	1.01	0.26	0.62
BVOC	0.59	1.13	0.31	0.55	0.96	1.99	0.87	1.46	0.71	1.27
POA	0.00	0.98	0.00	1.50	0.00	0.82	0.00	0.97	0.00	1.45
IVOC	—	2.54	—	4.16	—	2.65	—	2.53	—	3.14
11月										
AVOC	0.43	1.23	0.26	0.64	0.62	2.17	0.82	2.42	0.55	1.43
BVOC	0.45	0.56	0.14	0.06	0.33	0.42	1.37	2.05	0.50	0.60
POA	0.00	2.72	0.00	2.66	0.00	3.05	0.00	3.11	0.00	3.31
IVOC	—	6.70	—	5.48	—	8.65	—	8.31	—	7.83
平均										
AVOC	0.38	1.02	0.35	0.95	0.54	1.79	0.44	1.31	0.58	1.37
BVOC	0.41	0.63	0.21	0.23	0.48	0.84	0.75	1.16	0.52	0.75
POA	0.00	2.15	0.00	2.50	0.00	2.35	0.00	1.57	0.00	3.53
IVOC	—	5.14	—	5.55	—	6.40	—	4.01	—	7.89

a. 受表格宽度的限制，表中用"CMAQ"代表"CMAQ v5.0.1"。

三角地区、四川盆地 4 个重点区域,人为源 SOA 老化可使 AVOC 对 4 个月平均 SOA 浓度的贡献增加 136%~231%,自然源 SOA 老化可使 BVOC 对 4 个月平均 SOA 浓度的贡献增加 10%~75%。

VBSp25 模拟的 POA 对中国东部 4 个月平均 OA 浓度的贡献量 $(4.71\mu g/m^3)$ 比 CMAQ v5.0.1 的模拟结果 $(7.08\mu g/m^3)$ 降低了 33%。这说明,POA 挥发后,在大气中氧化并重新分配到颗粒相的 OA 浓度,不能抵消因 POA 挥发导致的 OA 浓度的减少,换句话说,本研究中"POA 的老化过程"的综合效果会使 OA 总浓度下降,这一现象在不同季节和不同区域都是共同存在的。然而,作为 POA 老化过程的效果,POA 对 SOA 浓度有较大的贡献,这在传统的 CMAQ v5.0.1 中是没有考虑到的。此外,VBSp25 加入了 IVOC 的排放清单,进而考虑了 IVOC 的氧化过程对 OA 和 SOA 浓度的贡献,这也是 CMAQ v5.0.1 所没有考虑的。

3.4　主要影响因素的敏感性分析

3.4.1　敏感性情景的设计

虽然 VBSp25 显著改善了默认 CMAQ v5.0.1 模型对 OA 的模拟结果,但总体来说,模型对 OA 的浓度仍有所低估,且对于个别站点的 SOA 比例及 O∶C 有较大的模拟偏差。此外,模型参数和模型输入数据也还有一定的不确定性。因此,本研究设计了一系列敏感性情景,探索影响模拟结果的主要因素,为今后的研究提供参考。

如前所述,在分析 OA 老化过程和 IVOC 氧化过程的影响时,采用了 VBSp25 这一配置;在本节的敏感性分析中,也相应地将其作为"基准情景",即所有敏感性情景的出发点。此外,为将敏感性情景的模拟结果与观测数据进行比较,根据 HR-ToF-AMS 的观测时段选取了 2010 年 5 月 15 日—6 月 10 日、2010 年 6 月 29 日—7 月 16 日、2010 年 12 月 10 日—12 月 24 日和 2011 年 3 月 21 日—4 月 24 日这 4 个时段作为敏感性分析的时段。

研究中设计的所有敏感性情景汇总在表 3-10 中。首先,排放清单的不确定性是模拟结果不确定性的重要来源。此前有不少研究对中国人为源 NMVOC 排放清单的不确定性进行了评估,例如 Wei 等人[188]、Bo 等人[201]、Wang 等人[202]分别采用蒙特卡罗法,估算得到中国人为源 NMVOC 排放量的置信区间为 [−44%,109%](95% 置信区间)、[−36%,94%](95% 置信区间)、[−42%,67%](90% 置信区间)。综合上述结果,取人为源 NMVOC 排放量的 95％置信区间为[－40％,100％],据此设置"高人为源 NMVOC"和"低人为源 NMVOC"两个敏感性情景,分别假设人为源 NMVOC 的排放量为基准情景排放量的 2.0 倍和 0.6 倍。Zhao 等人[203]采用蒙特卡罗法,估算得到中国 OC 排放量的不确定性区间为[－40％,121％]。目前的排放清单中没有包括 IVOC,本研究根据第 2 章的测试数据中 IVOC 排放因子与 POA 排放因子的相对大小,假定 IVOC 的排放量是 POA 排放量的某个倍数。因此,假定 POA/IVOC 的排放量都服从上述不确定性区间,并据此设置"高 POA/IVOC"和"低 POA/IVOC"两个敏感性情景,分别假设 POA/IVOC 的排放量是基准情景排放量的 2.2 倍和 0.6 倍。实际上,由于目前对 IVOC 排放的研究还很少,IVOC 排放清单的不确定性范围很可能比上述假设还要大。

表 3-10　敏感性情景及其定义汇总

编号	情景名称	敏感性参数	基准情景数值	敏感性情景数值
1	高人为源 NMVOC	人为源 NMVOC 的排放量	基准情景排放量	2.0×基准情景排放量
2	低人为源 NMVOC	人为源 NMVOC 的排放量	基准情景排放量	0.6×基准情景排放量
3	高 POA/IVOC	POA 和 IVOC 的排放量	基准情景排放量	2.2×基准情景排放量
4	低 POA/IVOC	POA 和 IVOC 的排放量	基准情景排放量	0.6×基准情景排放量
5	高 POA 挥发性	POA 排放的挥发性分布	基准情景的挥发性分布	较高挥发性区间的质量分数达到不确定性上限
6	低 POA 挥发性	POA 排放的挥发性分布	基准情景的挥发性分布	较低挥发性区间的质量分数达到不确定性上限
7	POA 的 O∶C 不变	POA/IVOC 排放的 O∶C 分布	O∶C 随 C^* 的增加而下降	O∶C 不随 C^* 变化,生物质燃烧的 O∶C 固定在 0.20,其他源的 O∶C 固定在 0.08

编号	情景名称	敏感性参数	基准情景数值	敏感性情景数值
8	强老化机制	POA/IVOC 氧化过程的 2D-VBS 参数化方案	使稀释烟气氧化实验 OA 模拟值/OA 实测值的 25% 分位数＝1.0 的模型配置	使稀释烟气氧化实验 OA 模拟值/OA 实测值的 10% 分位数＝1.0 的模型配置
9	弱老化机制	POA/IVOC 氧化过程的 2D-VBS 参数化方案	使稀释烟气氧化实验 OA 模拟值/OA 实测值的 25% 分位数＝1.0 的模型配置	使稀释烟气氧化实验 OA 模拟值/OA 实测值的 50% 分位数＝1.0 的模型配置

　　POA 的挥发性和 O∶C 分布也是模拟结果不确定性的来源。本研究中 POA 的挥发性分布依据的是 May 等人[148-150]的实测结果。该系列研究在给出 POA 挥发性分布的最佳估计值(实验结果的中位数)时,也给出了实验结果的上下四分位数界定的不确定性范围。本研究据此设计了"高POA 挥发性"和"低 POA 挥发性"两种敏感性情景,其中,"高 POA 挥发性"情景假设较高挥发性区间的质量分数达到 May 等人[148-150]给出的不确定性范围的上限,"低 POA 挥发性"则相反。这两种敏感性情景下 POA 的挥发性分布如表 3-11 所示,IVOC 的挥发性分布则保持基准情景的假设(表 3-4)不变。以上采用的是 May 等人[148-150]给出的不确定性范围,实际上,如果考虑到其他研究的测试结果[76,204-206],POA 挥发性分布的不确定性可能更大。本研究根据文献中 POA 挥发性随 C^* 增大而降低的结论,假定了 POA 的 O∶C 随 C^* 的变化趋势(表 3-4),但实际上依据现有测试结果并不足以准确得到 O∶C 随 C^* 的具体变化趋势,因此本研究设计了"POA 的 O∶C 不变"的敏感性情景,该情景假设 POA 的 O∶C 不随 C^* 变化,其中生物质燃烧的 O∶C 固定在 0.20,汽油车、柴油车和其他源的 O∶C 固定在 0.08。

　　最后,稀释烟气氧化实验的模拟结果有较大的离散性,这就导致了POA/IVOC 氧化过程的 2D-VBS 参数化方案有较大的不确定性。本章采用 VBSp50、VBSp25 和 VBSp75 三种参数化方案进行模拟,并最终基于与外场观测数据的对比结果,确定 VBSp25 作为最佳估计情景。为了进一步评估 POA/IVOC 氧化机制的不确定性,本研究设计了"强老化机制"和"弱

老化机制"两种敏感性情景。其中,"弱老化机制"情景实际即为 VBSp50,
"强老化机制"则使得稀释烟气氧化实验 OA 模拟值/OA 实测值的 10% 分
位数等于 1.0。在 3.2 节中提到,长岛站这一背景站 O∶C 的模拟值偏低,
说明可能模型对于老化中氧原子增加速率的假设过于保守。因此,在"强老
化机制"中,采用了 2.2.5 节中设计的"高氧原子增加量"方案,即每级氧化
反应增加 1、2、3 个氧原子的概率分别是 20%、40% 和 40%。

表 3-11   基准情景和敏感性情景下 POA 的挥发性分布[a]

$\lg[C^*/(\mu g \cdot m^{-3})]$	汽油车			柴油车			生物质燃烧			其他源		
	基准情景	高挥发性	低挥发性	基准情景	高挥发性	低挥发性	基准情景	高挥发性	低挥发性	基准情景	高挥发性	低挥发性
−2	0.27	0.16	0.34	0.03	0.02	0.11	0.20	0.15	0.25	0.167	0.110	0.234
0	0.15	0.11	0.21	0.25	0.12	0.29	0.10	0.05	0.15	0.167	0.093	0.217
1	0.26	0.21	0.30	0.37	0.39	0.36	0.10	0.15	0.15	0.243	0.217	0.270
2	0.15	0.19	0.10	0.24	0.26	0.17	0.20	0.20	0.20	0.197	0.217	0.157
3	0.03	0.08	0.02	0.06	0.08	0.04	0.10	0.15	0.05	0.063	0.103	0.036
4	0.14	0.25	0.03	0.05	0.13	0.03	0.30	0.40	0.20	0.163	0.260	0.086

a. 即各挥发性区间的质量浓度占 POA 总质量浓度的比例。

3.4.2   敏感性分析结果与讨论

各敏感性情景的模拟结果如表 3-12 所示。可以看出,POA/IVOC 的
排放量是对 OA 浓度的模拟结果影响最大的因素,本研究设计的"高 POA/
IVOC"情景和"低 POA/IVOC"情景分别可使 4 个时段平均的 OA 浓度模
拟值在 [−35%,109%] 的范围内变化;在"高 POA/IVOC"情景下,所有站
点的 OA 浓度模拟结果都将高于观测值,也就是说,单独 POA/IVOC 排放
量的不确定性范围就可能解释基准情景下 OA 浓度的低估。此外,"高
POA/IVOC"/"低 POA/IVOC"情景可分别使得 OA 中 SOA 的比例降低/
增加约 4%,使 O∶C 降低/增加约 8%。在今后的研究中,应着力改进
POA/IVOC 的排放清单,降低其不确定性。除 POA/IVOC 的排放量外,对
OA 浓度的模拟值影响较大的因素包括人为源 NMVOC 的排放量以及
POA/IVOC 氧化机制。敏感性情景中设计的人为源 NMVOC 排放量变化
范围可使 4 个时段平均的 OA 浓度模拟值在 −14%～28% 范围内变化,而
POA/IVOC 氧化机制导致的 OA 浓度变化范围为 −28%～9%。在涉及

表 3-12　各敏感性情景下的 OA 浓度、O:C 以及 SOA 比例

项目	上海浦东站			长岛站			嘉兴站(夏季)			嘉兴站(冬季)		
	OA浓度/(μg·m⁻³)	O:C	SOA/%	OA浓度/(μg·m⁻³)	O:C	SOA/%	OA浓度/(μg·m⁻³)	O:C	SOA/%	OA浓度/(μg·m⁻³)	O:C	SOA/%
观测值	8.40	0.284	76.1	13.40	0.590	70.1	10.59	0.286	68.4/64.2[a]	12.76	0.329	30.8/55.1[a]
基准情景	6.27	0.313	79.4	13.22	0.334	74.6	5.93	0.321	81.8	14.65	0.297	79.6
高人为源NMVOC	7.72	0.331	82.6	16.07	0.352	78.8	6.93	0.337	83.9	20.47	0.322	85.0
低人为源NMVOC	5.51	0.305	77.0	11.74	0.323	71.6	5.46	0.312	80.5	11.58	0.283	74.5
高POA/IVOC	12.67	0.275	74.2	28.46	0.312	70.8	10.95	0.287	75.5	31.78	0.278	76.6
低POA/IVOC	4.21	0.343	83.1	8.33	0.352	77.4	4.30	0.346	86.1	9.13	0.312	81.9
高POA挥发性	5.87	0.331	85.3	12.28	0.346	81.8	5.57	0.333	87.1	13.89	0.306	85.4
低POA挥发性	6.62	0.301	74.3	14.10	0.325	68.3	6.25	0.311	77.0	15.31	0.290	74.3
POA的O:C不变	6.10	0.354	78.9	12.67	0.395	73.7	5.75	0.353	81.3	13.91	0.349	78.7
强老化机制	6.77	0.321	80.6	14.29	0.348	76.2	6.39	0.327	82.8	16.04	0.309	81.1
弱老化机制	4.56	0.288	73.0	9.33	0.307	65.6	4.77	0.312	78.0	10.29	0.277	72.3

a. 斜线左侧和右侧分别表示采用 PMF 法和 OC/EC 比值法估算的 SOA 比例。

人为源 NMVOC 排放量和 POA/IVOC 氧化机制的 4 个情景中,"弱老化机制"情景可使 SOA 的比例降低 7%左右,其他情景对 O：C 和 SOA 比例的影响均小于 POA/IVOC 排放量的影响幅度。

剩余的"高 POA 挥发性""低 POA 挥发性"和"POA 的 O：C 不变"3个情景对 OA 浓度的模拟值影响较小,它们仅能使 4 个时段平均 OA 浓度的模拟值在 6%以内变化。但是,"POA 的 O：C 不变"情景对 O：C 模拟值的影响较大,可使其增加 15%左右。POA 的挥发性分布对模拟的 SOA 比例影响较大,可使其变化约 6%。

以上结果还表明,本研究设计的 9 个敏感性情景都不能单独解释长岛站 O：C 的低估以及嘉兴站冬季 SOA 比例的高估。将敏感性情景中涉及的多个变量同时变化,可能会使上述模拟结果与观测值更接近。但是,这需要考虑到不同变量的不同特征。例如,POA/IVOC 和 NMVOC 的排放量具有"局地性",某地区的模拟误差可能是由于该地区自身排放清单的误差导致,但从上述分析结果来看,仅排放清单的误差不足以解释长岛站 O：C 低估和嘉兴站冬季 SOA 比例高估的程度。POA 挥发性和 O：C 分布、POA/IVOC 氧化机制等因素具有较强的"全局性",即在不同地区取值可能差异不大。这样,当这些变量变化导致上述站点的模拟结果接近观测值时,其他大多数站点的模拟值则会偏离观测值。因此,上面几个不确定性因素仅能部分解释导致两个站点模拟误差的可能原因,而导致模拟误差的全面原因,还需在今后的研究中进行更深入的探究。

3.5　本章小结

(1) 将 2D-VBS 箱式模型植入到三维空气质量模型 CMAQ 中,开发了 CMAQ/2D-VBS 空气质量模拟系统,并根据 POA/IVOC 氧化机制的不同,设计了 VBSp50、VBSp25 和 VBSp75 三种 CMAQ/2D-VBS 模型配置。开发了中国 2010 年多污染物排放清单,利用上述模型系统对中国 $PM_{2.5}$ 的化学组成,特别是有机气溶胶,进行了模拟。

(2) 利用观测数据对模拟结果进行了校验。结果表明,默认的 CMAQ v5.0.1 对 OA(或 OC)的浓度有明显低估,各站点的 NMB 为 $-64\%\sim$ -26%,平均约 -45%。VBSp50 对 OA(或 OC)浓度的模拟结果与默认的 CMAQ v5.0.1 相比略有改善。VBSp25 则明显地改善了 CMAQ v5.0.1 对 OA(或 OC)浓度的模拟结果,各站点的 NMB 为 $-44\%\sim15\%$,平均值约−19％。更为重要的是,默认的 CMAQ v5.0.1 显著低估了 OA 中 SOA 的比例,而 VBSp50 和 VBSp25 模拟的 SOA 比例和 O：C 值与大多数站点的观测值吻合良好。基于校验结果,VBSp25 的模拟结果与观测数据吻合最好,是本研究推荐的 CMAQ/2D-VBS 模型配置。

(3) 根据模拟结果评估了 OA 老化过程和 IVOC 氧化过程的环境影响。结果表明,OA 老化过程和 IVOC 氧化过程可使中国东部 1、5、8、11 月共 4 个月平均的 OA 浓度和 SOA 浓度分别增加 42％和 10.6 倍,单个月的增加幅度分别为 30％～64％和 6.0～14.3 倍。AVOC、BVOC、POA 和 IVOC 对中国东部 4 个月平均 OA 浓度的贡献分别为 $1.02\mu g/m^3$(8.7%)、$0.63\mu g/m^3$(5.4%)、$4.71\mu g/m^3$(40.2%)和 $5.36\mu g/m^3$(45.7%),对 SOA 的贡献则分别为 $1.02\mu g/m^3$(11.4%)、$0.63\mu g/m^3$(7.0%)、$2.15\mu g/m^3$(24.0%)和 $5.14\mu g/m^3$(57.5%)。人为源 SOA 老化和自然源 SOA 老化可分别使 AVOC 和 BVOC 生成的 SOA 浓度增加 168％和 54％左右。

(4) 采用敏感性分析法,评估了主要模型参数和模型输入对模拟结果的影响。结果表明,POA/IVOC 的排放量是对 OA 浓度的模拟结果影响最大的因素,可使 OA 浓度模拟值在[−35％,109％]的范围内变化。人为源 NMVOC 的排放量以及 POA/IVOC 氧化机制对 OA 浓度的影响也可达 25％以上。POA 的 O：C 分布对 O：C 模拟值的影响较大,POA/IVOC 氧化机制和 POA 的挥发性分布对 SOA 比例的影响较大。

第4章　PM$_{2.5}$及其组分与污染物排放的非线性响应关系

本章在此前研究的基础上,开发扩展的响应表面模型(ERSM),建立PM$_{2.5}$及其组分浓度与多个区域、多个部门、多种污染物排放量之间的快速响应关系。将 ERSM 应用于长三角地区,通过与空气质量模式模拟结果以及传统 RSM 技术的预测结果进行比较,校验 ERSM 技术的可靠性。利用研究建立的 ERSM 预测系统,对 PM$_{2.5}$及其主要化学组分的来源进行解析,并对 PM$_{2.5}$的污染控制对策进行情景分析。

4.1　扩展的响应表面模型开发

4.1.1　建模思路

传统 RSM 技术所需的情景数量随控制变量数增加以 4 次方或以上的速度增长[127],因此 15 个以上的控制变量需要的情景数达 10^{4}量级,25 个以上的控制变量需要的情景数则达 10^{5}量级,这是当前的计算能力所无法实现的。邢佳等人[12]建立的多区域 RSM 方法克服了上述问题,但在城市群地区无法适用,且不能区分不同部门的贡献。在城市群地区建模的挑战在于,城市群地区各区域间的相互影响显著而复杂,除生命周期较长的颗粒物的传输外,生命周期相对较短的前体物的区域传输也非常明显。为解决这一问题,本研究开发了可适用于城市群地区的 PM$_{2.5}$及其组分浓度与多区域、多部门、多污染物之间的非线性响应模型,即 ERSM 技术。

ERSM 技术是在传统 RSM 技术的基础上开发的。传统 RSM 技术建立响应变量(如 PM$_{2.5}$浓度)与一系列控制变量(即特定排放源的特定污染物的排放量)响应关系的方法已在此前研究中进行详细论述[19,126],下面仅进行简要介绍。首先,采用拉丁超立方采样(Latin hypercube sampling,LHS)[207]方法生成一系列的控制情景。LHS 是一种应用广泛的采样方法,它可以确保采得的随机样本能够整体上代表采样空间的实际变化情况。其次,采用区域空气质量模式计算每个控制情景下的 $PM_{2.5}$ 浓度。最后,采用基于最大似然估计-实验最佳线性无偏预测(maximum likelihood estimation-experimental best linear unbiased predictors,MLE-EBLUPs)的 MPerK(MATLAB Parametric Empirical Kriging)程序建立 RSM 预测系统。在此前的研究中[19,126],传统 RSM 技术的可靠性已通过留一交叉验证(leave-one-out cross validation)、外部验证(out of sample validation)和二维等值线验证(2-D isopleths validation)等方法进行了充分的验证。

在 ERSM 技术中,首先利用传统 RSM 技术建立了目标区域 $PM_{2.5}$ 浓度对每个单一区域的前体物排放量的响应关系,接下来要解决的问题是如何计算多个区域的前体物排放同时变化时目标区域 $PM_{2.5}$ 的浓度,而要解决这一问题,关键是量化各区域间前体物及二次 $PM_{2.5}$ 的复杂传输关系对目标区域 $PM_{2.5}$ 浓度的影响。本研究中借鉴了邢佳等人[12]建立多区域 RSM 时采用的一个假设,即源区域的前体物排放影响目标区域 $PM_{2.5}$ 浓度的途径有两种:(1)前体物从源区域传输到目标区域,进而在目标区域发生化学反应生成二次 $PM_{2.5}$;(2)前体物在源区域发生化学反应生成二次 $PM_{2.5}$,进而传输到目标区域。在 ERSM 技术中,首先量化了各区域两两之间通过这两个过程的相互影响,接下来,当各区域的排放量同时变化时,分别叠加得到各区域通过途径(1)对目标区域的总影响,及各区域通过途径(2)对目标区域的总影响,最终得到各区域对目标区域的总影响。

前面提到,城市群地区各区域间的相互影响显著而复杂,特别是存在明显的前体物传输,这给建模方法带来了挑战。针对这一问题,本研究一方面对目标区域各部门前体物排放及源区域各部门前体物跨区域传输的环境影响进行了统计学表征,从而准确地定量了前体物的区域传输及其影响;另一方面,针对复杂的大气化学反应过程,分两种情形采用两种不同的方法定量了目标区域大气化学反应对 $PM_{2.5}$ 浓度的贡献。其中,由于区域间显著的前体物传输导致模型在各区域排放量都较低时无法适用,我们基于"过程分析"的方法表征目标区域大气化学反应对 $PM_{2.5}$ 浓度的贡献,使得 ERSM 技术可适用于前体物排放量的全局变化(即从零排放到可能达到的最大排放量之间变化)。

除了建立 $PM_{2.5}$ 浓度与前体物排放量的响应关系,本研究中还建立了 $PM_{2.5}$ 浓度与一次 $PM_{2.5}$ 排放之间的响应关系。考虑到 $PM_{2.5}$ 浓度与一次 $PM_{2.5}$ 排放之间成线性关系,故针对每一个一次 $PM_{2.5}$ 的控制变量,设计了一个只有该控制变量变化而其他控制变量均保持不变的控制情景,通过基

准情景与该控制情景之间的线性插值,得到 PM$_{2.5}$浓度与该一次 PM$_{2.5}$控制
变量之间的线性响应关系。需要说明的是,在本研究采用的 CMAQ/2D-
VBS 模拟系统中,POA 可发生化学反应生成二次 PM$_{2.5}$,在建模中应视为
前体物。因此,上面的"一次 PM$_{2.5}$"仅指除 POA 以外的一次 PM$_{2.5}$,为避免
误解,在下文中统一称为"一次无机 PM$_{2.5}$"。

4.1.2　模型构建

由于建立 PM$_{2.5}$浓度与一次无机 PM$_{2.5}$排放量之间关系的方法是十分
直观的,接下来仅对建立 PM$_{2.5}$及组分浓度与前体物排放量之间关系的方
法进行详细说明。为方便表述,假设一个简化但又具有普遍性的案例如下:
假设有 3 个区域,分别是 A、B、C;每个区域有三个控制变量,分别是部门 1
的 NO$_x$排放、部门 2 的 NO$_x$排放和总的 NH$_3$排放。响应变量是 A 区域城
区的 PM$_{2.5}$浓度。尽管以这个简化案例介绍 ERSM 技术,该技术同样适用
于不同的响应变量(如 NO$_3^-$、SO$_4^{2-}$ 和 NH$_4^+$),以及不同数量的区域/污染
物/部门。下面以这个简化案例为例,阐述 ERSM 技术的建模流程。

建立 ERSM 需要的控制情景包括:(1)基准情景;(2)对每个单一区域
的控制变量采用 LHS 方法分别生成 N 个情景;(3)对所有区域总的前体物
(本案例中为 NO$_x$和 NH$_3$)排放,采用 LHS 方法生成 M 个情景。情景数 N
和 M 的确定原则是:控制情景数应足以采用传统 RSM 技术建立响应变量
与被采样的控制变量之间的响应曲面。具体来说,就是逐渐增加情景数,反
复采用传统 RSM 技术进行建模,直到传统 RSM 技术预测结果足够准确为
止。预测结果的准确度采用外部验证[126]的方法进行评价,依据的统计指
标包括平均标准误差(mean normalized error,MNE)和相关系数。此前的
研究表明,随着情景数的增多,MNE 首先较快下降而后逐渐稳定,相关系
数则首先较快上升而后逐渐稳定[126]。本研究中采用 MNE<1%且相关系
数大于 0.99 作为临界值,由此得出结论,采用传统 RSM 技术对 2 个和 3 个
变量建立响应曲面分别需要 30 个和 50 个控制情景。因此,对于上述简化
案例来说,$N=50,M=30$。该简化案例需要的总的情景数即为 1(基准情
景)+50(每个单一区域的情景数)×3(区域数)+30(所有区域前体物总排
放的情景数)=181。

首先,采用传统 RSM 技术建立 A 区域的 PM$_{2.5}$浓度与 A 区域前体物
浓度之间的响应曲面,如式(4-1)所示,这一步骤采用的是基准情景和只有
A 区域的控制变量变化、其他区域的控制变量保持基准情景数值不变的 50

个情景。

$$[\mathrm{PM}_{2.5}]_\mathrm{A} = [\mathrm{PM}_{2.5}]_\mathrm{A0} + \mathrm{RSM}_{\mathrm{A}\to\mathrm{A}}^{\mathrm{PM}_{2.5}}([\mathrm{NO}_x]_\mathrm{A}, [\mathrm{NH}_3]_\mathrm{A}) \quad (4\text{-}1)$$

其中，$[\mathrm{PM}_{2.5}]_\mathrm{A}$、$[\mathrm{NO}_x]_\mathrm{A}$ 和 $[\mathrm{NH}_3]_\mathrm{A}$ 分别是区域 A 的 $\mathrm{PM}_{2.5}$、NO_x 和 NH_3 的浓度；$[\mathrm{PM}_{2.5}]_\mathrm{A0}$ 是基准情景下区域 A 的 $\mathrm{PM}_{2.5}$ 浓度；"RSM"表示采用传统 RSM 技术建立的响应曲面，它的上标(这里是"$\mathrm{PM}_{2.5}$")表示响应变量，下标中箭头前和箭头后的字母(这里都是"A")分别代表源区域和目标区域。

然后，进一步建立了区域 A 的前体物浓度与前体物排放量(即控制变量)之间的响应曲面，采用的控制情景仍然是上述的 51 个情景。式(4-2)以 NO_x 为例进行了说明，对于 NH_3 也是同样的。

$$[\mathrm{NO}_x]_{\mathrm{A}\to\mathrm{A}} = \mathrm{RSM}_{\mathrm{A}\to\mathrm{A}}^{\mathrm{NO}_x}(\mathrm{Emis\_NO}_x\_1_\mathrm{A}, \mathrm{Emis\_NO}_x\_2_\mathrm{A}, \mathrm{Emis\_NH}_{3\mathrm{A}})$$

$$(4\text{-}2)$$

其中，$\mathrm{Emis\_NO}_x\_1_\mathrm{A}$、$\mathrm{Emis\_NO}_x\_2_\mathrm{A}$ 和 $\mathrm{Emis\_NH}_{3\mathrm{A}}$ 分别表示 A 区域部门 1 的 NO_x 排放、部门 2 的 NO_x 排放和总的 NH_3 排放；$[\mathrm{NO}_x]_{\mathrm{A}\to\mathrm{A}}$ 表示因区域 A 的前体物排放量变化导致的区域 A 的 NO_x 浓度相对于基准情景的变化量，其定义为

$$[\mathrm{NO}_x]_{\mathrm{A}\to\mathrm{A}} = [\mathrm{NO}_x]_\mathrm{A} - [\mathrm{NO}_x]_\mathrm{A0} \quad (4\text{-}3)$$

式中 $[\mathrm{NO}_x]_\mathrm{A0}$ 是基准情景下区域 A 的 NO_x 浓度。

采用类似的方法，可以建立区域 A 的 $\mathrm{PM}_{2.5}$ 浓度和前体物浓度与区域 B(同样的方法可用于区域 C)的前体物排放量之间的响应曲面，该步骤采用的情景是基准情景和只有 B 区域的控制变量变化、其他区域的控制变量保持基准情景数值不变的 50 个情景。

$$[\mathrm{PM}_{2.5}]_{\mathrm{B}\to\mathrm{A}} = \mathrm{RSM}_{\mathrm{B}\to\mathrm{A}}^{\mathrm{PM}_{2.5}}(\mathrm{Emis\_NO}_x\_1_\mathrm{B}, \mathrm{Emis\_NO}_x\_2_\mathrm{B}, \mathrm{Emis\_NH}_{3\mathrm{B}}) \quad (4\text{-}4)$$

$$[\mathrm{NO}_x]_{\mathrm{B}\to\mathrm{A}} = \mathrm{RSM}_{\mathrm{B}\to\mathrm{A}}^{\mathrm{NO}_x}(\mathrm{Emis\_NO}_x\_1_\mathrm{B}, \mathrm{Emis\_NO}_x\_2_\mathrm{B}, \mathrm{Emis\_NH}_{3\mathrm{B}}) \quad (4\text{-}5)$$

$$[\mathrm{NH}_3]_{\mathrm{B}\to\mathrm{A}} = \mathrm{RSM}_{\mathrm{B}\to\mathrm{A}}^{\mathrm{NH}_3}(\mathrm{Emis\_NO}_x\_1_\mathrm{B}, \mathrm{Emis\_NO}_x\_2_\mathrm{B}, \mathrm{Emis\_NH}_{3\mathrm{B}}) \quad (4\text{-}6)$$

其中，$[\mathrm{PM}_{2.5}]_{\mathrm{B}\to\mathrm{A}}$、$[\mathrm{NO}_x]_{\mathrm{B}\to\mathrm{A}}$ 和 $[\mathrm{NH}_3]_{\mathrm{B}\to\mathrm{A}}$ 分别是由于区域 B 的前体物排放量变化导致的区域 A 的 $\mathrm{PM}_{2.5}$、NO_x 和 NH_3 的浓度相对于基准情景的变化量；$\mathrm{Emis\_NO}_x\_1_\mathrm{B}$、$\mathrm{Emis\_NO}_x\_2_\mathrm{B}$ 和 $\mathrm{Emis\_NH}_{3\mathrm{B}}$ 分别表示 B 区域部门 1 的 NO_x 排放、部门 2 的 NO_x 排放和总的 NH_3 排放。

如前所述，区域 B 的前体物排放对区域 A 的 $\mathrm{PM}_{2.5}$ 浓度的影响(即式(4-4))，可以分解成两个主要过程：(1)前体物从区域 B 传输到区域 A，并在区域 A 发生化学反应生成二次 $\mathrm{PM}_{2.5}$；(2)在区域 B 生成二次 $\mathrm{PM}_{2.5}$，

进而跨界传输到区域 A。为了量化第一个过程的贡献，首先利用式(4-5)和式(4-6)来量化前体物从区域 B 到区域 A 的传输引起的区域 A 前体物浓度的变化。接下来要回答的问题就是，区域 A 前体物浓度的这一变化，可以在多大程度上加强区域 A 二次 PM$_{2.5}$的化学生成? 为了回答这一问题，引入一个直观的假设，即因某区域前体物浓度的变化引发的该区域 PM$_{2.5}$浓度的变化(即式(4-1))可全部归因于该区域内化学生成的变化。严格地说，区域 A 前体物浓度的变化可以影响到其他区域的前体物浓度和 PM$_{2.5}$浓度，而这又会反过来影响区域 A 的 PM$_{2.5}$浓度;然而，本研究假设这一"间接"过程是可以忽略的。为证明这一假设的合理性，以长三角地区为样本估算得知，如果一个特定区域(上海、江苏或浙江)的 NO$_x$、SO$_2$ 和 NH$_3$ 三种前体物排放量都减少 50%，上述"间接"过程对总的 PM$_{2.5}$浓度减少量的贡献不超过 2%。这证明了上述"间接"过程是可忽略的。详细的估算过程详见附录 B。

基于这一假设，第一个过程对区域 A 的 PM$_{2.5}$浓度的贡献为

$$[PM_{2.5}\_Chem]_{B \to A} = RSM^{PM2.5}_{A \to A}([NO_x]_{A0} + [NO_x]_{B \to A},$$
$$[NH_3]_{A0} + [NH_3]_{B \to A}) \qquad (4\text{-}7)$$

其中，$[PM_{2.5}\_Chem]_{B \to A}$是由于区域 B 前体物排放量的变化通过前体物的跨区域传输(即第一个过程)导致的区域 A 的 PM$_{2.5}$浓度的变化。

以上定量区域 A 前体物排放及区域 B、C 前体物传输的影响的方法(式(4-2)~式(4-7))与邢佳等人[12]建立的多区域 RSM 有明显的区别。邢佳等人[12]简单地将外区域的前体排放量等效为目标区域的前体物排放量，这在应用于全国这样的大区域时，由于区域间前体物传输很弱，误差相对较小，但该方法无法适用于城市群前体物传输显著的情况。本研究对目标区域前体物排放和源区域前体物跨区域传输的影响进行直接的统计表征，使得模型能够适用于前体物传输显著的情况，也使得模型能够区分不同部门排放的贡献。

接下来，第二个过程对区域 A 的 PM$_{2.5}$浓度的贡献(下文的$[PM_{2.5}\_Trans]_{B \to A}$)就可以通过从总的贡献(式(4-4))中扣除第一个过程的贡献(式(4-7))而得到:

$$[PM_{2.5}\_Trans]_{B \to A} = [PM_{2.5}]_{B \to A} - [PM_{2.5}\_Chem]_{B \to A} \qquad (4\text{-}8)$$

其中，$[PM_{2.5}\_Trans]_{B \to A}$是由于区域 B 前体物排放量的变化通过二次 PM$_{2.5}$的跨区域传输(即第二个过程)导致的区域 A 的 PM$_{2.5}$浓度的变化。

此外，还需要知道$[PM_{2.5}\_Trans]_{B \to A}$与区域 B 的前体物排放量之间的

关系,因此,采用传统 RSM 技术建立了$[PM_{2.5}\_Trans]_{B \to A}$与区域 B 的前体物排放量之间的响应曲面:

$$[PM_{2.5}\_Trans]_{B \to A}$$
$$= RSM_{B \to A}^{PM_{2.5}-Trans}(Emis\_NO_x\_1_B, Emis\_NO_x\_2_B, Emis\_NH_{3B}) \quad (4\text{-}9)$$

对于待预测的控制情景,考虑一个一般情况,即所有 3 个区域的排放量都是随机给定的。在这种情况下,区域 A 的 $PM_{2.5}$ 浓度是本地(区域 A)前体物排放量变化、前体物跨区域传输进而在本地发生化学反应,以及二次 $PM_{2.5}$ 跨区域传输等过程综合影响的结果,用公式表示如下:

$$[PM_{2.5}]_A = [PM_{2.5}]_{A0} + RSM_{A \to A}^{PM_{2.5}}([NO_x]_{A0} + [NO_x]_{A \to A} + [NO_x]_{B \to A} +$$
$$[NO_x]_{C \to A}, [NH_3]_{A0} + [NH_3]_{A \to A} + [NH_3]_{B \to A} +$$
$$[NH_3]_{C \to A}) + [PM_{2.5}\_Trans]_{B \to A} + [PM_{2.5}\_Trans]_{C \to A}$$

$$(4\text{-}10)$$

其中,$[PM_{2.5}\_Trans]_{B \to A}$采用式(4-9)进行计算,$[PM_{2.5}\_Trans]_{C \to A}$则采用与式(4-9)等同,而仅仅是自变量换成 C 区域前体物排放的一个公式进行计算。需要注意的是,$[PM_{2.5}\_Trans]_{B \to A}$不能采用式(4-8)计算,因为式(4-8)仅仅在只有 B 区域的排放量变化(其他区域的排放量都与基准情景排放量相同)时才能成立。

严格地说,$[PM_{2.5}\_Trans]_{B \to A}$ 和 $[PM_{2.5}\_Trans]_{C \to A}$ 之间可以相互影响。换句话说,区域 C 前体物排放量的变化,可以影响区域 B 二次 $PM_{2.5}$ 的生成,进而影响二次 $PM_{2.5}$ 从区域 B 向区域 A 的传输。式(4-9)和式(4-10)隐含了一个假设,即$[PM_{2.5}\_Trans]_{B \to A}$仅与区域 B 的前体物排放量有关,而与其他区域的前体物排放量无关,也就是说,$[PM_{2.5}\_Trans]_{B \to A}$ 和 $[PM_{2.5}\_Trans]_{C \to A}$之间的相互影响被忽略掉了。为证明这一假设的合理性,以长三角地区为样本估算得知,江苏和其他地区(后文简称"其他")的前体物排放量削减 50%,仅能使$[PM_{2.5}\_Trans]_{浙江 \to 上海}$(即由于浙江前体物排放量的变化通过二次 $PM_{2.5}$ 的跨区域传输导致的上海 $PM_{2.5}$ 浓度的变化)变化不到 1%,这证实了上面的假设。详细的估算过程详见附录 B。

需要注意的是,式(4-1)将区域 A 的 $PM_{2.5}$ 浓度的变化(相当于区域 A 的 $PM_{2.5}$ 化学生成量的变化)与区域 A 的前体物浓度关联起来,而该式是基于基准情景与只有 A 区域的控制变量变化、其他区域的控制变量保持不变的 50 个情景建立的。这意味着,式(4-1)只适用于下面的浓度范围(以 NO_x 为例,对 NH_3 也是同样的):

$$[NO_x]_A \geqslant [NO_x]_{A,min} = [NO_x]_{A0} + [NO_x]_{A \to A,min}$$
$$= [NO_x]_{A0} + RSM_{A \to A}^{NO_x}(0,0,0) \tag{4-11}$$

其中，$[NO_x]_{A,min}$定义为区域 A 的前体物排放任意变化而其他区域的前体物排放量保持在基准情景的排放量不变时，区域 A 的 NO$_x$ 浓度的最小值。

式(4-10)是依赖于式(4-1)的，因此，式(4-10)的适用范围不可能超过式(4-1)的适用范围。当应用于中国这样的大区域时，由于各区域间的前体物传输很弱，因此$[NO_x]_{A,min}$很小，也即式(4-10)可近似应用于前体物排放的全局变化。但在城市群地区，由于各区域间的前体物传输显著，$[NO_x]_{A,min}$取值较大，因此，当多个区域的前体物排放量同时大幅削减时，有可能会明显超出式(4-11)所示的适用范围，即$[NO_x]_A < [NO_x]_{A,min}$或$[NH_3]_A < [NH_3]_{A,min}$。在这种情况下，采用另一种方法定量因本地化学生成量的变化导致的 PM$_{2.5}$ 浓度的变化如下。

在多数三维空气质量模型中，PM$_{2.5}$ 的本地化学生成量是很容易追踪的。例如，在 CMAQ 中有一个叫做"过程分析(Process Analysis)"的模块，这个模块可以输出各个主要的物理化学过程对污染物浓度的贡献。区域 A 的 PM$_{2.5}$ 的化学生成量可通过下式计算：

$$Prod\_PM_A = AERO\_PM_A + CLDS\_PM_A \tag{4-12}$$

其中，$AERO\_PM_A$ 和 $CLDS\_PM_A$ 分别是气溶胶过程和云过程对区域 A 的 PM$_{2.5}$ 浓度的贡献，是从 CMAQ 的"过程分析"模块中提取出来的。

当 ERSM 应用在其他空气质量模式上时，PM$_{2.5}$ 的化学生成量可以很容易地通过类似的方式提取出来。此外，区域 A 的 PM$_{2.5}$ 化学生成量和由此导致的 PM$_{2.5}$ 浓度之间呈现线性关系，这一线性关系可通过基准情景和只有 A 区域的控制变量变化、其他区域的控制变量保持不变的 50 个情景拟合得到。

$$[PM_{2.5}]_A = k \cdot Prod\_PM_A + b \tag{4-13}$$

其中，k、b 为待定参数，通过线性拟合确定，拟合的相关系数约为 0.99。

接下来，采用基准情景和所有区域 NO$_x$ 和 NH$_3$ 的排放量均发生变化(同一污染物的所有控制变量，如 Emis_NH$_{3A}$、Emis_NH$_{3B}$ 和 Emis_NH$_{3C}$，保持相互一致)的 30 个情景，建立区域 A 的 PM$_{2.5}$ 化学生成量和区域 A 前体物浓度的响应曲面：

$$Prod\_PM_A = RSM_{A \to A}^{Prod\_PM}([NO_x]_A, [NH_3]_A) \tag{4-14}$$

结合式(4-13)和式(4-14)，同时考虑二次 PM$_{2.5}$ 的跨区域传输(式(4-9))，得到：

$$
\begin{aligned}
[\mathrm{PM}_{2.5}]_A = k \cdot \mathrm{RSM}_{A \to A}^{\mathrm{Prod\_PM}} (& [\mathrm{NO}_x]_{A0} + [\mathrm{NO}_x]_{A \to A} + [\mathrm{NO}_x]_{B \to A} + \\
& [\mathrm{NO}_x]_{C \to A}, [\mathrm{NH}_3]_{A0} + [\mathrm{NH}_3]_{A \to A} + [\mathrm{NH}_3]_{B \to A} + \\
& [\mathrm{NH}_3]_{C \to A}) + b + [\mathrm{PM}_{2.5}\_\mathrm{Trans}]_{B \to A} + [\mathrm{PM}_{2.5}\_\mathrm{Trans}]_{C \to A}
\end{aligned}
$$

（适用于$[\mathrm{NO}_x]_A < [\mathrm{NO}_x]_{A,\min}$ 或 $[\mathrm{NH}_3]_A < [\mathrm{NH}_3]_{A,\min}$）

$$(4\text{-}15)$$

需要注意的是，"过程分析"模块也可以用在第一种算法（式（4-10））中来区分化学生成和跨区域传输的贡献。然而，在第一种算法中，即便不用这个模块也可以区分两者的贡献（见式（4-7）和式（4-8））。如果采用了这个模块，则还需要建立 $\mathrm{PM}_{2.5}$ 的化学生成量与 $\mathrm{PM}_{2.5}$ 浓度的关系，这样就比原来的算法多了一个步骤，增加了算法的复杂性。

为保证式（4-10）和式（4-15）之间的连续性，引入（$[\mathrm{NO}_x]_{A,\min}$，$[\mathrm{NO}_x]_{A,\min} + \delta_{\mathrm{NO}_x}$）和（$[\mathrm{NH}_3]_{A,\min}$，$[\mathrm{NH}_3]_{A,\min} + \delta_{\mathrm{NH}_3}$）的"过渡区间"，其中 $\delta_{\mathrm{NO}_x} = 0.1 \times [\mathrm{NO}_x]_{A0}$、$\delta_{\mathrm{NH}_3} = 0.1 \times [\mathrm{NH}_3]_{A0}$。当 $[\mathrm{NO}_x]_A \geqslant [\mathrm{NO}_x]_{A,\min} + \delta_{\mathrm{NO}_x}$、$[\mathrm{NH}_3]_A \geqslant [\mathrm{NH}_3]_{A,\min} + \delta_{\mathrm{NH}_3}$ 时用式（4-10），而在上述"过渡区间"内，采用在式（4-10）与式（4-15）之间线性插值的方法。ERSM 技术的建模流程图见图 4.1。对于在长三角地区的应用案例（4.2 节），这两种建模方法在过渡区间内预测结果的差异为 $1\% \sim 8\%$。

4.1.3　模型局限性

ERSM 技术解决了城市群地区 $\mathrm{PM}_{2.5}$ 浓度与多区域、多部门、多污染物排放之间响应关系的建模问题，但该方法仍存在一定的局限性。第一，ERSM 目前未考虑气象条件的变化对 $\mathrm{PM}_{2.5}$ 浓度的影响。第二，虽然 ERSM 技术建模所需要的情景数比传统 RSM 技术少得多，但对于一个中等的算例，仍需要数百个情景，今后的研究应在确保响应曲面准确性的基础上，进一步减少建模所需要的情景数。第三，建模所需要的控制情景受实验设计（如控制区域和控制变量的选取）影响显著。如果对实验设计做很小的修改，不需要重算大量的控制情景，例如，如果增加一个控制区域，只需要增加一组只有该区域排放量变化，而其他区域排放量保持基准情景不变的控制情景，并且重算所有区域排放量同时变化的控制情景；再例如，如果某个区域的排放部门发生变化，只需重算一组只有该区域排放量变化而其他区域保持基准情景不变的控制情景。然而，如果实验设计发生了较大的变化（比如选定的前体物发生变化，或者各区域的排放部门均发生变化等），那么大多数控制情景均需重新计算。因此，在开始三维空气质量模拟前，须对 ERSM 实验设计认真评估，反复斟酌。

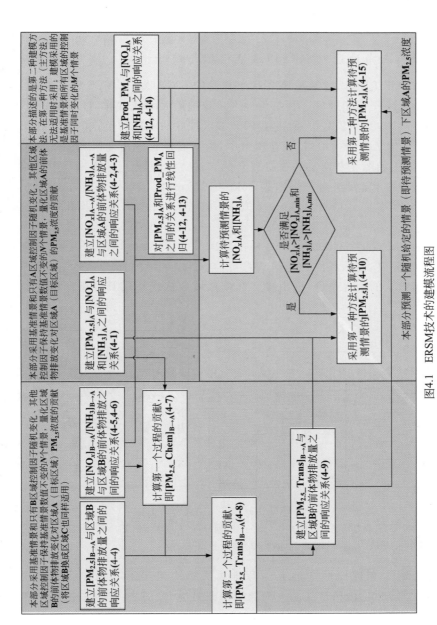

图4.1　ERSM技术的建模流程图

本图以4.1.2节中的简化案例进行介绍，不同区域表示使用不同组碳控制情景的建模步骤。在每个区域的最上部或最下部说明了该步骤所采用的控制情景，流程中各步骤内为该步骤所应用的公式编号。

4.2 长三角地区 ERSM 的构建

4.2.1 长三角地区细颗粒物污染模拟与校验

本节中将 ERSM 技术与第 3 章中开发的 CMAQ/2D-VBS 模式联用，应用于中国的长三角地区。长三角地区是我国最大的城市群，它经济发达，排放强度高，空气污染较严重，是我国开展区域联防联控的重点区域。在第 3 章中仅采用了一层模拟域，而在本章中，为了满足长三角地区高精度模拟的需求，采用如图 4.2 所示的 3 层嵌套的方法。模拟域 1 与第 3 章中采用的模拟域完全相同，网格分辨率是 36km×36km；模拟域 2 覆盖了中国东部，网格分辨率是 12km×12km；模拟域 3 覆盖了长三角地区及其周围区域，网格分辨率是 4km×4km。与第 3 章一样，采用了 WRFv3.3 来产生模型所用的气象场。CMAQ/2D-VBS 和 WRFv3.3 的物理和化学机制、地理投影、垂直分层、初始条件均与第 3 章完全一致。CMAQ/2D-VBS 的模拟域 1 采用默认的边界条件，模拟域 2 和模拟域 3 依次采用其外层网格生成的边界场。

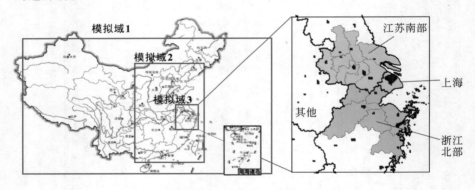

图 4.2 CMAQ/2D-VBS 三层嵌套模拟域

右侧放大图以不同色块显示了模拟域 3 中 4 个区域的划分，细灰线表示地级市界，黑色小方块表示地级及以上城市的城区范围。（审图号：GS(2016)1606 号，有修改）

模拟域 1 和模拟域 2 的人为源排放清单均采用第 3 章建立的中国 2010 年排放清单；模拟域 3 的人为源清单则采用 Fu 等人[189]建立的长三角地区高精度排放清单。本研究的 3 层网格均采用了 MEGANv2.04[28]计算自然源分物种的 NMVOC 排放量。

由于建立 ERSM 运算量较大,本研究选取 2010 年 1 月和 8 月进行模拟,分别代表冬季和夏季。每个时段均提前 5 天开始模拟,以排除初始条件的影响。

第 3 章中已将模拟域 1 的模拟结果与细颗粒物及其组分的观测数据进行了比较,证实了模型机制的可靠性,特别是 2D-VBS 机制的可靠性。为实现长三角地区的高精度模拟,在本章中逐层嵌套到了模拟域 3,即 4km×4km 的网格分辨率。但是,由于在 2010 年 1 月和 8 月这两个模拟时段内,缺少长三角地区 PM$_{2.5}$及其组分的观测数据,因此,本研究仅将模拟域 3 的模拟结果与 PM$_{10}$的观测数据进行了比较。鉴于第 3 章已证实了模拟机制的可靠性,因此,这里仅通过 PM$_{10}$的比对说明模型的可靠性。

在模拟时段内,中国环境保护部在其官方网站(http://datacenter.mep.gov.cn)上公布了模拟域 3 中 12 个城市每天的空气污染指数(air pollution index,API)及首要污染物,据此可以反算出每个城市首要污染物浓度的日均值。在绝大部分天数,PM$_{10}$都是首要污染物。如果某城市可根据 API 反算 PM$_{10}$浓度的天数占到模拟时段总天数的 70％以上,我们便将该城市 PM$_{10}$浓度的模拟值与根据 API 反算的 PM$_{10}$浓度进行比较。需要说明的是,API 值一般代表的是一个城市城区平均的污染水平,而大部分地级市的城区范围要明显大于一个网格的范围,因此,研究中采用了城区覆盖的全部网格(见图 4.2)的平均浓度作为 PM$_{10}$浓度的模拟值。

由于涉及站点较多,我们采用了一系列统计指标来对模拟结果进行定量评价,包括平均观测值、平均模拟值、NMB、标准平均误差(normalized mean error,NME)、平均比例偏差(mean fractional bias,MFB)和平均比例误差(mean fractional error,MFE),这些评价指标的具体定义在此前研究中有详细介绍[20,208],其计算结果如表 4-1 所示。

Boylan 等人[208]根据大量模拟研究的结果,提出了模拟结果的评价标准。如果 PM 浓度模拟结果同时满足∣MFB∣≤60％和 MFE≤75％,那么该模拟结果是可以接受的;如果同时满足∣MFB∣≤30％和 MFE≤50％,那么该模拟结果已达到"目标值",即该模拟结果已经接近三维空气质量模型所能达到的最好水平。从表 4-1 可以看出,总体来说,模式对 PM$_{10}$浓度略有低估,这可能主要是因为排放清单中缺少无组织扬尘的排放。从表中的统计指标来看,1 月和 8 月的 MFB 和 MFE 均在"目标值"的范围内,因此按照 Boylan 等人[208]的评价标准,本研究的模拟结果具有较高的准确性。

表 4-1　PM$_{10}$ 浓度的模拟值与观测值对比的统计结果

项目	平均观测值/ (μg · m^{-3})	平均模拟值/ (μg · m^{-3})	NMB/%	NME/%	MFB/%	MFE/%
目标值	—	—	—	—	±30	50
临界值	—	—	—	—	±60	75
1 月	116.0	101.2	−12.7	29.6	−18.3	34.5
8 月	65.3	55.9	−14.4	36.0	−23.5	42.9

4.2.2　控制变量选取和控制情景设计

本研究将模拟域 3 分成了 4 个区域(见图 4.2),即上海、江苏南部、浙江北部和"其他"。之所以这样划分,是因为上海、江苏南部和浙江北部共16 个城市属于传统意义上的"长三角地区";近年加入长三角经济区的城市有所增加,但国务院 2010 年发布的《长江三角洲地区区域规划》仍将上海、江苏南部和浙江北部的 16 个城市明确为"长三角核心区"。在下文中为简化表示,将"江苏南部"简称"江苏","浙江北部"简称"浙江"。本研究建立了两套 RSM/ERSM 预测系统(如表 4-2 所示)。两套预测系统的响应变量都是 4 个区域地级市城区(见图 4.2)的 PM$_{2.5}$、SO$_4^{2-}$、NO$_3^-$ 和 OA 浓度。第一个预测系统采用传统 RSM 技术和 151 个由 LHS 方法生成的控制情景,建立上述响应变量与模拟域 3 中 NO$_x$、SO$_2$、NH$_3$、NMVOC+IVOC、POA 和一次无机 PM$_{2.5}$ 的总排放量之间的响应曲面。该预测系统建立的目的是,通过将该预测系统与采用 ERSM 技术建立的第二个预测系统的结果进行比较,校验 ERSM 技术的可靠性。

对于第二个预测系统,每个区域包括 7 个前体物控制变量和 4 个一次无机 PM$_{2.5}$ 控制变量,共计(7+4)×4=44 个控制变量(详见表 4-2)。该预测系统采用 ERSM 技术建立,共生成了 917 个情景控制情景用于建立响应曲面。根据 4.1 节中生成控制情景的方法,这些控制情景包括:(1)一个CMAQ 基准情景;(2)对上海的 7 个前体物控制变量采用 LHS 方法进行随机采样,得到 N=200 个控制情景,采用同样的方法分别对江苏、浙江和"其他"的前体物控制变量进行采样,各得到 200 个情景,共计 800 个情景;(3)对模拟域 3 中 NO$_x$、SO$_2$、NH$_3$、NMVOC+IVOC 和 POA 的排放总量共5 个变量,采用 LHS 方法进行随机采样,得到 M=100 个控制情景;在这组情景中,同一污染物的所有控制变量均同步变化,例如,如果在某个控制情景中,SO$_2$排放总量为基准情景的 0.5 倍,那么所有区域、所有部门的 SO$_2$排放量均为基准情景的 0.5 倍;(4)16 个情景,每个情景将一个一次无机 PM$_{2.5}$控制变量设为基准情景的 0.25 倍,其他控制变量均与基准情景取值相同。上文中 N 和 M 是根据此前研究[12,126]中数值实验的结果来确定的。对 7 个和 5 个控制变量采用传统 RSM 技术建立相应曲面时,若要达到较高预测准确度(MNE<1%、相关系数>0.99),分别需要 200 个和 100 个控制情景,因此取 $N=200$,$M=100$。最后,我们生成了 44 个额外的情景用于外部验证,这将在 4.3.1 中进行详细介绍。

表 4-2　本研究 RSM/ERSM 预测系统的设置

方法	控制变量数	控制变量	控制情景数	控制情景
传统 RSM 技术	6	NO$_x$、SO$_2$、NH$_3$、NMVOC+IVOC、POA 和一次无机 PM$_{2.5}$的排放总量	151	1 个 CMAQ 基准情景; 150[a] 个情景:对所有 6 个控制变量使用 LHS 方法生成
ERSM 技术	44	4 个区域中,每个区域 11 个控制变量,其中包括 7 个前体物控制变量,即 (1) NO$_x$/电厂 (2) NO$_x$/其他源 (3) SO$_2$/电厂 (4) SO$_2$/其他源 (5) NH$_3$/所有源 (6) NMVOC+IVOC/所有源 (7) POA/所有源 和 4 个一次无机 PM$_{2.5}$控制变量,即 (8) PM$_{2.5}$/电厂 (9) PM$_{2.5}$/工业 (10) PM$_{2.5}$/民用商用 (11) PM$_{2.5}$/交通	917	1 个 CMAQ 基准情景; 800 个情景:包括对上海的 7 个前体物控制变量采用 LHS 方法采得的 200[a] 个情景,对江苏、浙江和"其他"分别采用同样的方法各得到 200 个情景; 100[a] 个情景:对 NO$_x$、SO$_2$、NH$_3$、NMVOC+IVOC、POA 的排放总量采用 LHS 方法采样得到; 16 个情景:每个情景将一个一次无机 PM$_{2.5}$控制变量设为基准情景的 0.25 倍,其他控制变量均与基准情景取值相同

　　a. 对 6 个、7 个和 5 个控制变量采用传统 RSM 技术建立响应曲面各需要 150、200 和 100 个情景[12,126]。

4.3 长三角地区 ERSM 的可靠性校验

传统 RSM 技术的可靠性已在此前的研究中得到充分的验证[19,126]，本研究中将重点对 ERSM 技术的可靠性进行评估。采用的主要方法包括外部验证和等值线验证。其中，外部验证侧重于验证 ERSM 技术的"准确性"，即 ERSM 预测的响应变量数值与空气质量模型模拟值的吻合程度。等值线验证侧重于验证 ERSM 技术的"稳定性"，即 ERSM 技术是否能够重现出前体物排放量在全局范围内连续变化时响应变量的变化趋势。

4.3.1 外部验证

外部验证是生成一系列与建立 ERSM 所用的控制情景相独立的情景，分别采用 ERSM 和 CMAQ 计算这些情景对应的响应变量的数值，通过将 ERSM 预测值与 CMAQ 模拟值进行对比，以验证 ERSM 的可靠性。本研究共生成了 44 个独立的控制情景用于外部验证，如表 4-3 所示。

表 4-3　外部验证情景描述

情景编号	情景描述
1~6	上海的前体物控制变量变化，而其他控制变量均保持基准情景的数值不变。对于情景 1、2、3，上海的所有前体物控制变量分别设为基准情景的 0.1 倍、0.5 倍和 1.45 倍。情景 4~6 是对上海的所有前体物控制变量采用 LHS 方法生成的
7~12	与情景 1~6 相同，只是将上海换成江苏
13~18	与情景 1~6 相同，只是将上海换成浙江
19~24	与情景 1~6 相同，只是将上海换成"其他"
25~32	各区域的前体物控制变量变化，但一次无机 $PM_{2.5}$ 控制变量保持基准情景的数值不变。对于情景 25、26、27，所有前体物控制变量分别设为基准情景的 0.1 倍、0.5 倍和 1.45 倍。情景 28~32 是对所有前体物控制变量采用 LHS 方法生成的
33~36	各区域的一次无机 $PM_{2.5}$ 控制变量变化（采用 LHS 方法生成），但前体物控制变量保持基准情景的数值不变
37~44	对所有控制变量采用 LHS 方法随机采样生成

44 个情景中包括了 32 个只有前体物控制变量变化,而一次无机 PM$_{2.5}$ 控制变量保持基准情景数值不变的情景(情景 1~32),4 个只有一次无机 PM$_{2.5}$ 控制变量变化,而前体物控制变量保持基准情景数值不变的情景(情景 33~36),还有 8 个前体物控制变量和一次无机 PM$_{2.5}$ 控制变量同时发生变化的情景(情景 37~44)。大部分情景是用 LHS 方法随机生成的(情景 4~6, 10~12,16~18,22~24,28~44),还有部分情景人为设定所有控制变量均发生大幅度的变化(情景 1~3,7~9,13~15,19~21,25~27),用以测试 ERSM 对大幅度排放变化的预测能力。

研究采用了一系列统计指标来评价 ERSM 的可靠性,分别是相关系数、标准误差(normalized error, NE)、NME、MNE 和最大标准误差(maximum normalized error, MaxNE),除相关系数外的定义如下:

$$NE = \frac{|P_i - S_i|}{S_i} \tag{4-16}$$

$$NME = \frac{\sum_{i=1}^{Ns} |P_i - S_i|}{\sum_{i=1}^{Ns} |S_i|} \tag{4-17}$$

$$MNE = \frac{1}{Ns} \sum_{i=1}^{Ns} \frac{|P_i - S_i|}{S_i} \tag{4-18}$$

$$MaxNE = \max_{1 \leqslant i \leqslant Ns} \frac{|P_i - S_i|}{S_i} \tag{4-19}$$

其中,P_i 和 S_i 分别是 ERSM 预测的和 CMAQ 模拟的第 i 个外部验证情景的 PM$_{2.5}$ 浓度;Ns 是外部验证情景的数量。

除 PM$_{2.5}$ 浓度外,我们还将 ERSM 预测和 CMAQ 模拟的 PM$_{2.5}$ 响应值(即某情景下的 PM$_{2.5}$ 浓度与基准情景的 PM$_{2.5}$ 浓度之差)进行了对比。PM$_{2.5}$ 响应值的验证结果在一定程度上能更好地反映出 ERSM 技术的可靠性,这是因为 PM$_{2.5}$ 浓度的误差大小受到基准情景浓度的影响,如果基准情景 PM$_{2.5}$ 浓度较大,而各控制情景下 PM$_{2.5}$ 浓度的相对变化较小,那么即便 PM$_{2.5}$ 浓度的误差比较小,也未必能够确保 ERSM 技术的可靠性。但是,考虑到部分情景的 PM$_{2.5}$ 响应值接近 0,采用式(4-16)计算的 NE 值可能非常大,这显然不能反映出 ERSM 的实际误差水平。因此,对于 PM$_{2.5}$ 响应值,仅计算了相关系数和 NME 两个统计指标,而未计算 NE、MNE、

MaxNE 等指标。

图 4.3 采用散点图对比了 ERSM 预测的和 CMAQ 模拟的 PM$_{2.5}$ 浓度和 PM$_{2.5}$ 响应值,表 4-4 给出了对比结果的统计指标。可以看出,ERSM 预测的 PM$_{2.5}$ 浓度与 CMAQ 的模拟值吻合很好,两者的相关系数在每个区域、每个月都达到 0.995 以上,NME 和 MNE 均在 1.0% 以下,MaxNE 在 1 月和 8 月分别在 4.0% 和 5.0% 以内。其中,情景 33~36 的 MaxNE 均在 0.01% 以内,这说明 PM$_{2.5}$ 浓度与一次无机 PM$_{2.5}$ 的排放量之间确实具有近乎完美的线性关系,这证实了 ERSM 技术对一次无机 PM$_{2.5}$ 控制变量建模方法的合理性。此外,ERSM 预测的 PM$_{2.5}$ 响应值也与 CMAQ 的模拟值吻合很好,两者的相关系数在每个区域、每个月也都达到 0.995 以上,NME 在 1 月和 8 月分别在 3.5% 和 5.3% 以内。

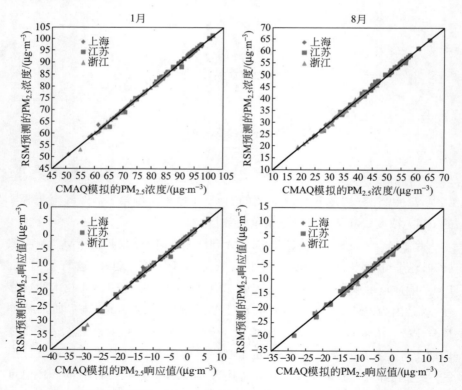

图 4.3   ERSM 预测的 PM$_{2.5}$ 浓度和 PM$_{2.5}$ 响应值与 CMAQ 模拟值的比较
图中斜线为 $y=x$,表示 ERSM 预测值与 CMAQ 模拟值完全吻合。

表 4-4　**ERSM 预测的 PM$_{2.5}$浓度和 PM$_{2.5}$响应值与 CMAQ 模拟值对比的统计结果**

时间	区域	PM$_{2.5}$浓度						PM$_{2.5}$响应值	
		相关系数	NME/%	MNE/%	MaxNE/%	MNE/%（情景 33～36）	MaxNE/%（情景 33～36）	相关系数	NME/%
1 月	上海	0.997	0.2	0.2	3.8	0.00	0.00	0.997	2.7
	江苏	0.998	0.3	0.3	3.9	0.00	0.00	0.998	3.5
	浙江	0.999	0.3	0.4	3.5	0.00	0.01	0.999	3.3
7 月	上海	0.998	0.5	0.5	4.3	0.01	0.01	0.998	3.2
	江苏	0.997	0.8	0.9	4.9	0.00	0.01	0.997	5.0
	浙江	0.997	0.7	0.8	4.9	0.00	0.01	0.997	5.3

4.3.2　等值线验证

在 ERSM 预测系统能够基本重现 PM$_{2.5}$浓度的基础上，我们更加关心的是，当前体物的排放量在全局范围内连续变化时，ERSM 预测系统是否能够重现 PM$_{2.5}$浓度的变化趋势。如果 ERSM 预测的浓度变化趋势与实际吻合，则可以说明，即便 ERSM 不可避免地存在一些误差，这些误差不会导致变化趋势上的严重错误，那么将 ERSM 应用于污染控制政策环境效果的评估就是可靠的。基于这一考虑，下面进一步采用"等值线验证"的方法对 ERSM 可靠性进行验证。具体说来，分别利用 ERSM 技术和传统 RSM 技术，预测模拟域 3 内任意两种前体物的排放量在全局范围内变化时，PM$_{2.5}$浓度的变化趋势，做出 PM$_{2.5}$浓度"等值线"，并将两种技术预测的等值线进行对比。由于传统 RSM 技术的可靠性已在此前研究中得到充分验证，可以认为是"准真值"。如果两种方法预测的等值线形状吻合，则可以验证 ERSM 的准确性。

图 4.4 给出了上海 PM$_{2.5}$浓度随前体物排放变化的等值线。图中 x 轴和 y 轴表示的是"排放系数"，即某污染物变化后的排放量与基准情景排放量的比值。例如，排放系数为 1.5，相当于某污染物排放量相对于基准情景的排放量增加了 50%。本研究取的"排放系数"范围是 0～1.5。研究[112,202]表明，长三角地区污染物排放量在 2010 年后的增长潜力一般不会超过 50%，因此，0～1.5 代表了各污染物排放量的全局变化范围。从图中可以看出，由两种方法预测的等值线形状总体吻合良好。8 月 NO$_x$ vs. NH$_3$

的等值线中,在 NO_x 排放系数大于 1.2 的区段,等值线的形状略有偏差。但实际上,这一偏差带来的浓度数值的差异并不大(5% 以内),因此对研究结果的影响较小。ERSM 和传统 RSM 技术预测结果的一致性,说明 ERSM 技术可以较好地重现出前体物排放量在 0～150% 之间连续变化时,$PM_{2.5}$ 浓度的变化趋势。

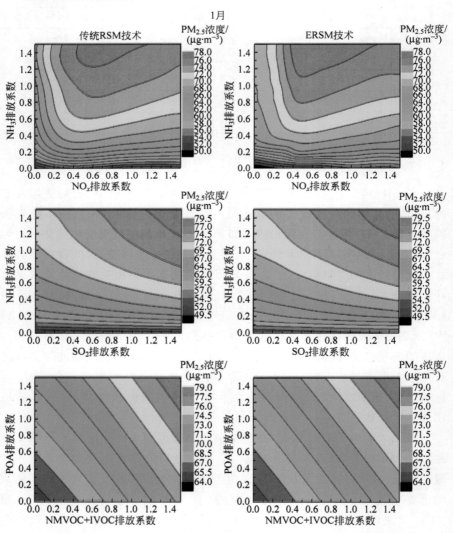

图 4.4   由传统 RSM 技术和 ERSM 技术生成的上海 $PM_{2.5}$ 浓度随模拟域 3 内前体物总排放量变化的二维等值线的相互比较

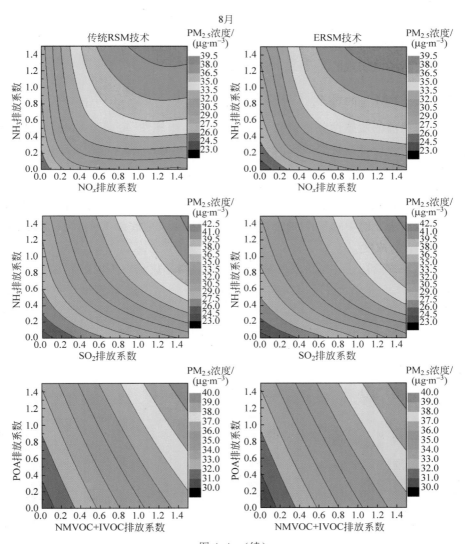

图 4.4　（续）

4.4　长三角地区 PM₂.₅ 及其组分的非线性源解析

上文将 ERSM 技术应用在长三角地区,并对其可靠性进行了校验。在此基础上,本节和下节将分别将 ERSM 技术用于 PM₂.₅ 及其组分的来源解析,以及 PM₂.₅ 污染控制情景分析。ERSM 技术是二次污染物来源解析的有效工具。它可以快速计算当多个区域、多个部门、多种前体物的排放量在全局范围内同时变化时,PM$_{2.5}$及其组分浓度的响应关系,这是此前的源解析方法所不能实现的。

4.4.1　PM$_{2.5}$的非线性源解析

与此前的敏感性分析研究一样,将"PM$_{2.5}$敏感性"定义为PM$_{2.5}$浓度的变化率与污染物减排率的比值,如式(4-20)所示:

$$S_a^X = \frac{(C^* - C_a)/C^*}{1-a} \qquad (4\text{-}20)$$

其中,S_a^X是PM$_{2.5}$对排放源X在排放率为a时的敏感性;C_a是当排放源X的排放率为a时PM$_{2.5}$的浓度;C^*是基准情景(即排放源X的排放率为1)时PM$_{2.5}$的浓度。

图4.5给出了PM$_{2.5}$浓度对各一次污染物排放量在不同控制水平下的敏感性,图4.6给出了PM$_{2.5}$浓度对各部门各污染物的排放量在不同控制水平下的敏感性。

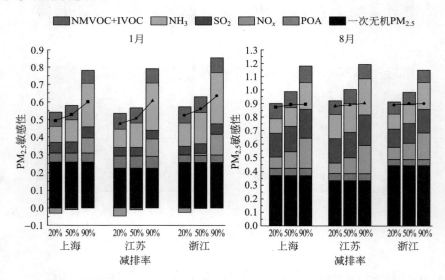

图4.5　PM$_{2.5}$浓度对各一次污染物排放量在不同控制水平下的敏感性

x轴表示减排率(即1-排放率),y轴表示PM$_{2.5}$的敏感性,即PM$_{2.5}$浓度的变化率除以一次污染物的减排率。柱状图代表当某种污染物减排而其他污染物均保持基准情景排放量不变时PM$_{2.5}$的敏感性,数据点代表各污染物同时减排时PM$_{2.5}$的敏感性。后图含义与此类似,将不再赘述。

　　在 1 月和 8 月,一次无机 PM$_{2.5}$总体上都是对 PM$_{2.5}$浓度贡献最大的单一污染物。在一次无机 PM$_{2.5}$的各排放源中,工业源的贡献最大,电厂的贡献最小。不同排放源的贡献大小主要取决于排放量,同时与排放高度有关,如电厂的排放高度大是导致其贡献低的重要原因。随着减排率的增加,PM$_{2.5}$浓度对一次无机 PM$_{2.5}$排放的敏感性保持不变。

　　虽然对于单一污染物而言,一次无机 PM$_{2.5}$总体上对 PM$_{2.5}$浓度的贡献最大,但所有前体物对 PM$_{2.5}$浓度的贡献之和一般超过一次无机 PM$_{2.5}$的贡献。在各种前体物中,1 月份 PM$_{2.5}$浓度对 NH$_3$的排放最为敏感,随后是NMVOC+IVOC、SO$_2$ 和 POA。而在 8 月份,各种前体物排放对 PM$_{2.5}$浓度均有比较明显的贡献,它们的相对贡献大小在不同的减排率下有所不同。需要说明的是,此前的模拟研究中[19,127],NMVOC 对 PM$_{2.5}$的贡献往往可以忽略不计,且未考虑 IVOC 的贡献;而本研究中,采用 2D-VBS 模拟 SOA生成,结果表明 NMVOC+IVOC 对 PM$_{2.5}$浓度有重要贡献,其贡献率与NO$_x$、SO$_2$、NH$_3$等其他前体物处于同一量级上。在对于 NO$_x$ 和 SO$_2$ 排放的统计中区分了电厂和其他排放源的贡献,从图 4.6 可以看出,在 1 月和 8月,电厂的贡献均小于其他排放源的贡献。这一方面是因为电厂的排放量

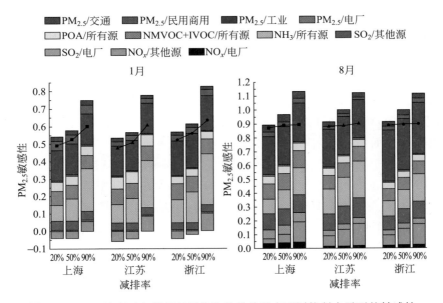

图 4.6　PM$_{2.5}$浓度对各部门各污染物的排放量在不同控制水平下的敏感性

图中含义与图 4.5 相同。

小于其他部门排放量之和；另一方面，电厂作为高架源，排放物的扩散稀释导致对地面浓度贡献较小。从图 4.6 还可以看出，电厂相对于其他源对 $PM_{2.5}$ 浓度贡献的比例在 8 月要明显大于 1 月，这是因为 8 月扩散条件较好，有利于垂直混合过程，从而使电厂的排放可以充分参与大气化学反应形成 $PM_{2.5}$。

与一次无机 $PM_{2.5}$ 不同，随着减排率的增加，$PM_{2.5}$ 浓度对各种前体物排放的敏感性均有所变化。其中，$PM_{2.5}$ 浓度对 NMVOC＋IVOC、POA 和 SO_2 的敏感性随减排率增加变化较小，而 $PM_{2.5}$ 浓度对 NH_3 和 NO_x 的敏感性随减排率增大则有明显增加，这一规律在 1 月和 8 月均成立。在 1 月，当减排率较低时，NH_3 对 $PM_{2.5}$ 浓度的贡献与 NMVOC＋IVOC 的贡献相当或略大，但当减排率为 90％时，NH_3 对 $PM_{2.5}$ 浓度的贡献则远远大于其他前体物，接近甚至略微超过一次无机 $PM_{2.5}$ 的贡献。这一变化主要因为当 NH_3 减排率逐渐增大时，反应体系逐渐由相对富氨的状态转变为相对贫氨的状态。对于 NO_x，当减排率较小（50％～70％以下，因区域而异）时，NO_x 减排会导致 $PM_{2.5}$ 浓度升高；当减排率较大（50％～70％以上，因区域而异）时，NO_x 减排会使 $PM_{2.5}$ 浓度降低。这一很强的非线性关系在此前的研究中也得到了证实[18,22]。冬季臭氧化学处于 NMVOC 控制区，较小幅度的 NO_x 减排会导致 O_3 和 HO_x 自由基浓度升高，进而加强 SO_4^{2-} 的生成（见图 4.7）。此外，O_3 和 HO_x 自由基的增加还加速了夜间通过 $NO_2＋O_3$ 反应生成 N_2O_5 和 HNO_3 这一过程，从而也有利于 NO_3^- 的生成（见图 4.7）。因此，冬季 NO_x 小幅减排会导致 $PM_{2.5}$ 浓度升高。而当 NO_x 大幅减排时，臭氧化学由 NMVOC 控制区进入 NO_x 控制区，因此 NO_2、O_3 和 HO_x 自由基浓度均降低，从而使 $PM_{2.5}$ 浓度降低。因此，同时对多部门的 NO_x 排放施以大幅的减排，对于削减 $PM_{2.5}$ 浓度是非常重要的。在 8 月，当减排率较低时，SO_2 对 $PM_{2.5}$ 浓度的贡献大于 NO_x 和 NH_3 的贡献；而在减排率达到 90％时，由于 $PM_{2.5}$ 对 NO_x 和 NH_3 的敏感性明显增加，NO_x、SO_2、NH_3 对 $PM_{2.5}$ 浓度的贡献比较接近。

当所有污染物排放量同时削减时（图 4.5 和图 4.6 中的数据点），在 1 月，$PM_{2.5}$ 的敏感性随减排率的增加而增大；而在 8 月，则大致保持不变。1 月 $PM_{2.5}$ 敏感性随减排率增大主要是因为 NO_x 在低减排率时对 $PM_{2.5}$ 浓度有负贡献，当减排率较大时逐渐转变为正贡献（详见上段分析）。从图中还可看出，对各污染源单独减排的效果之和与对所有污染源同时减排的效

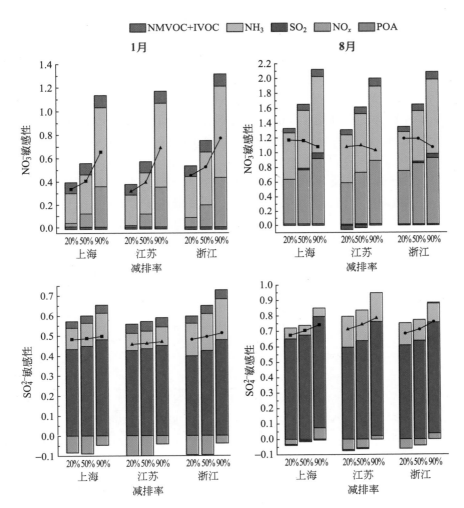

图 4.7　NO$_3^-$和 SO$_4^{2-}$浓度对各一次污染物排放量在不同控制水平下的敏感性

图中含义与图 4.5 类似。

　　果一般是不同的。一般而言,单独减排的效果之和大于共同减排的效果,这是因为,参与(NH$_4$)$_2$SO$_4$和 NH$_4$NO$_3$生成的主要前体物都有两种,每种前体物的单独减排都会导致其浓度下降,同时减排时两种前体物减排的贡献会相互重叠而部分抵消。

　　接下来,利用 ERSM 技术评估了不同区域的一次无机 PM$_{2.5}$排放量和前体物排放量对 PM$_{2.5}$浓度的贡献,如表 4-5 所示。4 个区域一次无机

PM$_{2.5}$排放对 PM$_{2.5}$浓度的总贡献在 1 月为 22％～26％,8 月为 33％～44％;其中本地源的贡献占了绝对主导,在 1 月为 19％～22％,8 月为 30％～42％。4 个区域前体物排放对 PM$_{2.5}$浓度的总贡献在 1 月为 39％～43％,8 月为 46％～57％。虽然本地前体物排放的贡献是 4 个区域中最大的,但与一次无机 PM$_{2.5}$的情况相比,其他区域前体物排放对 PM$_{2.5}$浓度的相对贡献要大得多,本地前体物排放的贡献与其他区域前体物排放的贡献处于同一个量级上。在 1 月,模拟域外的污染物排放对 PM$_{2.5}$浓度的贡献高达30％～35％,而 8 月,仅仅为 9％～10％。这是因为 1 月主导风向为西北风,将中国大陆的污染物传输到长三角地区,而 8 月的主导风向则从海洋吹来。在模拟域外的污染物排放中,前体物的贡献明显大于一次无机 PM$_{2.5}$,这是因为气态前体物可生成粒径较小的二次颗粒物,因此可传输更长的距离。

表 4-5　各区域的一次无机 PM$_{2.5}$排放量和前体物排放量对 PM$_{2.5}$浓度的贡献　　％

	1 月			8 月		
	上海	江苏	浙江	上海	江苏	浙江
上海的一次无机 PM$_{2.5}$排放	20.8	0.7	0.7	31.2	1.2	0.3
江苏的一次无机 PM$_{2.5}$排放	3.0	19.0	2.0	1.8	30.0	0.7
浙江的一次无机 PM$_{2.5}$排放	1.3	1.5	22.2	3.1	1.6	42.3
"其他"的一次无机 PM$_{2.5}$排放	0.7	1.2	0.7	0.8	0.6	0.9
4 个区域一次无机 PM$_{2.5}$的总排放	25.8	22.4	25.6	37.0	33.4	44.2
上海的前体物排放	21.7	2.0	2.7	26.2	2.8	0.9
江苏的前体物排放	6.6	27.3	5.6	6.0	40.2	3.4
浙江的前体物排放	4.2	5.5	25.5	13.1	8.8	34.3
"其他"的前体物排放	3.2	4.2	3.9	8.2	5.4	7.4
4 个区域的前体物总排放	39.4	43.2	41.8	52.4	56.8	45.7
模拟域外的一次无机 PM$_{2.5}$排放	10.4	11.4	9.8	1.3	1.5	1.5
模拟域外的前体物排放	22.1	23.0	20.1	8.1	8.2	7.2

4.4.2　二次无机气溶胶的非线性源解析

在解析 PM$_{2.5}$来源的基础上对 PM$_{2.5}$主要化学组分的来源分别进行解析,对于制定有效的控制政策有重要意义。因此本节和下节分别对二次无

机气溶胶(主要是 SNA)和 OA 进行非线性源解析。图 4.7 给出了 NO$_3^-$ 和
SO$_4^{2-}$ 浓度对各一次污染物排放量在不同控制水平下的敏感性,图 4.8 给出

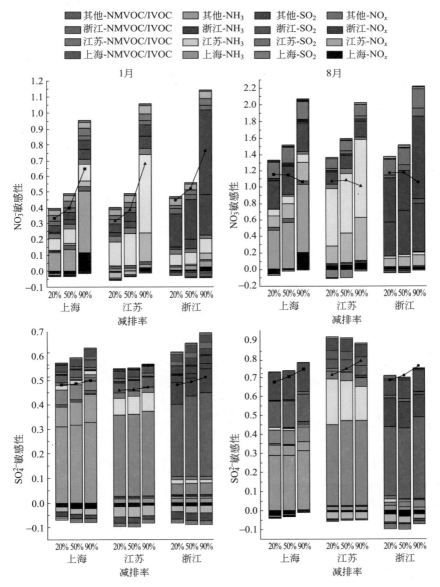

图 4.8　NO$_3^-$ 和 SO$_4^{2-}$ 浓度对各区域各污染物的排放量在不同控制水平下的敏感性

图中含义与图 4.5 类似。

了 NO_3^- 和 SO_4^{2-} 浓度对各区域各污染物的排放量在不同控制水平下的敏感性。由于在目前模型中,一次无机 $PM_{2.5}$ 对 NO_3^- 和 SO_4^{2-} 浓度没有影响,因此图 4.7 和图 4.8 中均未包括一次无机 $PM_{2.5}$ 的排放。此外,从图 4.7 可以看出,POA 对 NO_3^- 和 SO_4^{2-} 浓度的影响微乎其微,因此图 4.8 中未包括 POA 的排放。

首先讨论 NO_3^-。1 月时,NO_3^- 浓度对 NH_3 排放最为敏感。当 NO_x 减排率较低(小于 20%)时,对 NO_3^- 浓度影响很小,有时还可使其略微增加(解释见 4.4.1 节),但减排率较大时,可较明显的降低 NO_3^- 浓度。NMVOC+IVOC 的减排可使 NO_3^- 浓度有所下降,因为 NMVOC+IVOC 减排降低了 O_3 和 HO_x 自由基浓度,从而减少了 NO_3^- 的生成。SO_2 对 NO_3^- 浓度的影响十分微小。如果进一步区分污染物的排放区域,那么本地 NH_3 排放对 NO_3^- 浓度的贡献最大,可达到所有排放源总贡献的一半左右,其次是本地 NO_x 排放和外区域 NH_3/NO_x 排放,后两者对 NO_3^- 浓度的贡献大致处于同一水平上。在 8 月,NO_3^- 浓度对 NO_x 和 NH_3 的排放均很敏感,两者的贡献基本相当。NMVOC+IVOC 的减排也可使 NO_3^- 浓度有所下降,但由于处于 NO_x 控制区,NMVOC+IVOC 减排的效果不及 1 月明显。在多数情况下,SO_2 减排可使 NO_3^- 浓度略有下降,因为在 NH_3 较充足的条件下,SO_4^{2-} 可降低 NH_4NO_3 的平衡常数,从而有利于 NH_4NO_3 从溶液中析出。在个别情况下(如江苏 SO_2 减排幅度较小时),SO_2 减排可使 NO_3^- 浓度略有升高,因为 SO_2 和 NO_x 存在对 NH_3 的竞争。如果进一步区分污染物的排放区域,那么 NO_3^- 浓度对本地 NH_3 排放最为敏感,其次是本地 NO_x 排放。外区域的 NO_x 排放也对 NO_3^- 浓度有较明显的贡献,有时甚至超过本地 NO_x 的贡献(例如浙江 NO_x 排放对上海 NO_3^- 浓度的贡献超过上海自身 NO_x 的排放)。

接下来讨论 SO_4^{2-}。在 1 月和 8 月,SO_2 排放都是 SO_4^{2-} 浓度的最主要贡献源,对 SO_4^{2-} 浓度的贡献可达所有排放源的 70%～80%。NH_3 的减排在两个月份也都能使 SO_4^{2-} 浓度有较大幅度的下降。NO_x 减排对 SO_4^{2-} 浓度的影响有两种机制:一是 NO_x 减排导致 O_3 和 HO_x 浓度的变化,进而影响 SO_4^{2-} 的生成;二是 NO_x 与 SO_2 存在对 NH_3 的竞争。在 1 月,当 NO_x 减排时,两种机制均导致 SO_4^{2-} 浓度上升,因此其综合效果引起 SO_4^{2-} 较明显的上升。在 8 月,第一种机制一般使 SO_4^{2-} 浓度下降而第二种机制使 SO_4^{2-} 浓度上升,因此,当 NO_x 减排幅度较小时,SO_4^{2-} 浓度有所上升,而 NO_x 减排幅度较大时,SO$_4^{2-}$浓度有所下降。与 NO$_3^-$ 的情况类似,NMVOC 减排对 SO$_4^{2-}$浓度的影响在 1 月比 8 月明显,因为 1 月处于 NMVOC 控制区,NMVOC降低对 O$_3$ 和 HO$_x$ 浓度影响较大。如果进一步区分污染物的排放区域,在1 月和 8 月,本地 SO$_2$ 排放都是 SO$_4^{2-}$ 浓度的最主要贡献源,占全部污染源总贡献的一半或以上。除本地 SO$_2$ 外,对 SO$_4^{2-}$ 浓度贡献较大的排放源包括本地 NH$_3$ 排放和外区域 SO$_2$ 排放,两者的贡献一般处于同一水平上。

4.4.3　OA 的非线性源解析

图 4.9 给出了 OA 浓度对各一次污染物排放量在不同控制水平下的敏感性,图 4.10 给出了 OA 浓度对各区域各污染物的排放量在不同控制水平下的敏感性。与 NO$_3^-$ 和 SO$_4^{2-}$ 的情况类似,由于在目前模型中,一次无机PM$_{2.5}$ 对 OA 浓度没有影响,因此图 4.9 和图 4.10 中均未包括一次无机PM$_{2.5}$ 的排放。从图 4.9 可以看出,SO$_2$ 和 NH$_3$ 对 OA 浓度的影响微乎其微,因此图 4.10 中未包括 SO$_2$ 和 NH$_3$ 的排放。

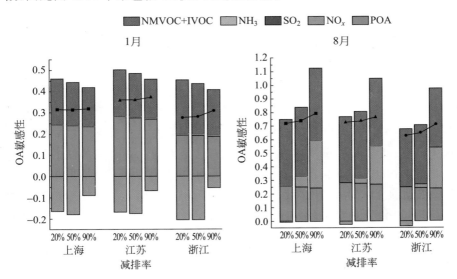

图 4.9　OA 浓度对各一次污染物排放量在不同控制水平下的敏感性

图中含义与图 4.5 类似。

在 1 月和 8 月,NMVOC+IVOC 和 POA 都是 OA 浓度的最主要贡献源。在 1 月,POA 和 NMVOC+IVOC 对 OA 浓度的贡献大致相当。在8 月,NMVOC+IVOC 对 OA 浓度的贡献则显著大于 POA 的贡献。这

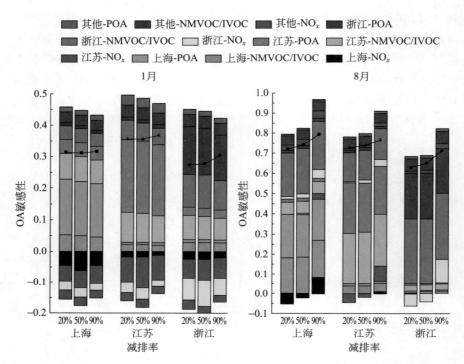

图 4.10　OA 浓度对各区域各污染物的排放量在不同控制水平下的敏感性

图中含义与图 4.5 类似。

与 3.3 节中的结论相符。值得注意的是,3.3 节中得到的 POA 相对于 NMVOC+IVOC 的贡献率,比本节偏小,这是因为 3.3 节中关注的是区域平均的 OA 浓度,而本节关注的是城区平均的 OA 浓度,显然,POA 对城区 OA 浓度的贡献要大于对郊区 OA 浓度的贡献;此外,本节采用的网格分辨率较细,也会略微增大 POA 对城区 OA 浓度的贡献率。随着减排率的增加,OA 浓度对 POA 和 NMVOC+IVOC 的敏感性略有下降,这主要是因为根据气相颗粒相吸收分配定律,OA 浓度越高越有利于有机物分配到颗粒相。NO_x 减排对 OA 浓度的影响有两种机制,一是 NO_x 减排导致 O_3 和 HO_x 浓度的变化,进而影响 SOA 的生成,这一点与上节 NO_3^- 和 SO_4^{2-} 的情况类似;二是高 NO_x 条件下 SOA 的产率一般低于低 NO_x 条件下 SOA 的产率,这一点已被大量研究所证实[133,142-144],在第 2 章中也进行了说明。在 1 月,当 NO_x 减排时,两种机制均导致 OA 浓度上升,因此其综合效果引起 OA 浓度明显增加。在 8 月,第一种机制一般使 OA 浓度下降而第二种机制使 OA 浓度上升,第一种机制一般起着相对主导的作用。因此,当 NO$_x$ 减排幅度较小时,OA 浓度可略有上升;当 NO$_x$ 减排幅度达到 20%～30% 时,OA 浓度开始有所下降;而当 NO$_x$ 减排幅度达到 50% 以上时,OA 浓度 则有明显下降。

如果进一步区分污染物的排放区域,在 1 月,本地 POA 排放对 OA 浓 度的贡献最大。紧随其后,本地 NMVOC＋IVOC 的排放和外区域 NMVOC＋IVOC 的排放对 OA 浓度的贡献也很大,两者大致处于同一水 平上。在 8 月,OA 浓度对本地 NMVOC＋IVOC 排放、本地 POA 排放和 上风向 NMVOC＋IVOC 排放均非常敏感,三者的贡献基本相当。当本地 NO$_x$ 减排率较大时,也可使 OA 浓度产生较明显的下降。

4.5　PM$_{2.5}$污染控制情景分析

本节示范了 ERSM 技术在 PM$_{2.5}$ 污染控制快速决策中的应用。首先采 用情景分析法,分 6 种情景预测了全国和长三角地区在不同的能源政策和 污染控制政策下,未来主要污染物排放量的可能变化趋势。接下来,采用本 章建立的 ERSM 技术,快速预测在上述情景下长三角地区 PM$_{2.5}$ 及其主要组 分的浓度。通过将上述情景的 PM$_{2.5}$ 浓度与《环境空气质量标准》(GB 3095— 2012)的要求进行比较,确定空气质量达标所需的减排量范围,在这个范围 内,逐步加严控制措施,再次用 ERSM 技术快速计算 PM$_{2.5}$ 及其主要组分的 浓度,可找到使 PM$_{2.5}$ 浓度达标的减排情景。

4.5.1　污染物排放情景预测

本节分情景分省预测了我国中长期(2010—2030 年)SO$_2$、NO$_x$、一次 PM$_{2.5}$、BC、OC、NMVOC、NH$_3$ 等污染物排放量变化趋势。预测方法、情景 设置和预测结果均已在作者发表的论文[112,202]中进行了详细介绍,以下仅 简要介绍情景预测的基本假设和核心结果,更多细节请参见作者已发表的 论文[112,202]。

4.5.1.1　能源情景和污染控制情景设计

排放预测的基本方法如下:对于基准年 2010 年,研究在 3.1.2 节中已 采用排放因子法建立了多污染物排放清单,其中能源消费量的信息主要来 自于统计数据。为了给未来预测提供一个可靠的基准,我们同时采用自下而上的方式,由服务量需求(如发电量、工业产品产量、交通周转量、采暖能量需求等)、能源技术分布和能源效率计算了基准年的能源消费量,并利用能源统计资料对自下而上的计算结果进行了校准。在校准基准年数据后,即开始未来预测的工作。研究中首先预测了未来人口、GDP、城市化率等驱动力的变化趋势,进而据此预测了未来能源服务量的需求。接下来,考虑未来可能的节能政策,假设了能源技术参数和能源技术构成的变化,从而预测了未来的能源消费量。进一步地,考虑了未来污染控制技术去除率和装配率的变化,最终预测了主要污染物排放量。

研究设置了 2 个能源情景,分别是趋势照常(business as usual,BAU)情景和可持续政策(sustainable policy,PC)情景。BAU 情景假定未来继续采用 2010 年底之前出台的政策,并保持 2010 年底前的执行力度,例如根据国家规划,到 2020 年单位 GDP 的 CO_2 排放量应相对于 2005 年降低 40%~45%。PC 情景假设 2010 年后国家将出台新的、可持续的能源政策,这些政策将推动生产生活方式的转变、能源结构的调整以及能源利用效率的提高;政策的执行力度也将得到加强。

在 2 个能源情景的基础上,分别设置了 3 个污染控制策略,即基准策略([0]策略),循序渐进策略([1]策略)和最大减排潜力策略([2]策略)。[0]策略假定未来继续采用现有的政策和现有的执行力度(到 2010 年末),新的减排政策没有出台。[1]策略假定未来不断出台新的控制政策,控制政策循序渐进地不断加严。[2]策略假定目前技术上可行的减排措施均得到了最大限度的应用,是在目前技术水平下,通过各种污染控制措施可以实现的最大限度的减排策略。

2 个能源情景和 3 个污染控制策略进行组合,构成了 6 个污染控制情景(BAU[0]、BAU[1]、BAU[2]、PC[0]、PC[1]、PC[2])。各情景的定义如表 4-6 所示。

接下来从驱动力、能源情景假设和污染控制策略假设三个方面,介绍上述情景的基本假设。

(1)驱动力

研究在所有情景中对人口、GDP 和城市化率的假设均相同,如表 4-7 所示。其中,假设年均 GDP 增长率在 2011—2015 年间为 8.0%,随后每 5 年递降 0.5%,到 2026—2030 年间为 5.5%。

表 4-6　污染控制情景定义

能源情景	能源情景定义	污染控制策略	污染控制策略定义	污染控制情景
趋势照常（BAU）情景	现有的政策和现有的执行力度（到2010年末）	基准策略（[0]策略）	现有的政策和现有的执行力度（到2010年末）	BAU[0]
		循序渐进策略（[1]策略）	未来不断出台新的控制政策，控制政策循序渐进地不断加严	BAU[1]
		最大减排潜力策略（[2]策略）	技术上可行的减排措施得到了最大限度的应用	BAU[2]
可持续政策（PC）情景	假设国家将出台新的、可持续的能源政策，推动生产生活方式的转变、能源结构的调整以及能源利用效率的提高	基准策略（[0]策略）	现有的政策和现有的执行力度（到2010年末）	PC[0]
		循序渐进策略（[1]策略）	未来不断出台新的控制政策，控制政策循序渐进地不断加严	PC[1]
		最大减排潜力策略（[2]策略）	技术上可行的减排措施得到了最大限度的应用	PC[2]

（2）能源情景假设

能源情景的核心假设如表 4-7 所示。

表 4-7　驱动力和能源情景核心假设

项目	2010	BAU		PC	
		2020	2030	2020	2030
GDP（2005年不变价）/亿元	311654	657407	1177184	657407	1177184
人口/亿人	13.40	14.40	14.74	14.40	14.74
城市化率/%	49.9	58.0	63.0	58.0	63.0
发电量/(TW·h)	4205	6690	8506	5598	7457

续表

项目	2010	BAU		PC	
		2020	2030	2020	2030
燃煤发电比例/%	75	74	73	64	57
燃煤电厂供电综合效率/%	35.7	38.0	40.0	38.8	41.7
粗钢产量/Mt	627	710	680	610	570
水泥产量/Mt	1880	2001	2050	1751	1751
城镇居民人均住宅面积/m^2	23.0	29.0	33.0	27.0	29.0
农村居民人均住宅面积/m^2	34.1	39.0	42.0	37.0	39.0
千人机动车保有量	58.2	191.2	380.2	178.5	325.2
轿车新车燃油经济性 /$(km \cdot L^{-1})$	13.5	13.5	13.5	16.0	18.0
重型车新车燃油经济性 /$(km \cdot L^{-1})$	3.32	3.52	4.15	4.15	5.20

在电力部门,研究预测总发电量在 PC 情景中比 BAU 情景中低 12% 左右。PC 情景假设新能源和可再生能源发电技术得到迅猛发展,因此,到 2030 年,燃煤发电量的比例在 PC 情景中仅为 57%,而在 BAU 情景中为 73%。在燃煤发电中,新建机组几乎均为 300MW 以上的大机组,能源效率较高的超临界、超超临界和整体煤气化联合循环(integrated gasification combined cycle,IGCC)机组所占比例将显著增大,这一趋势在 PC 情景中格外突出。

在工业部门,研究采用"弹性系数法"预测未来工业产品产量,用于基础设施建设的能源密集型产品产量在 2020 年前将保持增长,而在 2020 年后则稳定或下降;而与人民日常生活相关的产品产量在 2030 年前都将保持增长,但增长速率逐渐放慢。由于推行节约型生活方式,PC 情景中工业产品产量将低于 BAU 情景。此外,在 PC 情景中,能源效率较高的先进生产技术所占比例将明显大于 BAU 情景;对于特定的生产技术,PC 情景中能源效率的改进幅度也将大于 BAU 情景。

对于民用商用部门,研究假设 PC 情景下居民人均居住面积在城镇和农村地区都比 BAU 情景低 3～4m^2。PC 情景假设实施新的建筑节能标准,因此单位建筑面积的采暖用能需求低于 BAU 情景。在城镇和农村地区,都假设散煤燃烧和生物质直接燃烧逐渐被清洁能源替代,在 PC 情景中替代速度明显快于 BAU 情景。

对于交通部门,研究预测 2030 年千人机动车保有量在 BAU 情景和 PC 情景分别为 380 辆和 325 辆。PC 情景假设实施发达国家先进的燃油经济性标准,2030 年轿车和重型车的新车燃油经济性将分别比 2010 年提高 33％和 57％。PC 情景还假设电动车得到大力推广。

对于溶剂使用部门,未来溶剂使用量基于使用溶剂的部门的发展情况进行预测。例如,涂料可用于建筑、木器、汽车等多个部门,其中用于汽车的使用量则假设与汽车产量保持相同的增长率。

(3) 污染控制策略假设

对于电力部门,BAU[0]/PC[0]基于现有政策和标准。BAU[1]/PC[1]情景假设《环境保护十二五规划》和 2011 年新颁布的《火电厂大气污染物排放标准》得到实施。烟气脱硫系统的安装比例到 2015 年即达到 100％;从 2011 年起,新建电厂须安装低氮燃烧技术和烟气脱硝装置,现有 300MW 以上机组须在 2015 年前完成烟气脱硝改造,现有 300MW 以下机组也将在 2015 年后逐渐推广烟气脱硝装置;高效除尘技术(布袋除尘、电袋复合除尘等)逐渐推广,到 2020 年和 2030 年装配率分别达到 35％和 50％。BAU[2]/PC[2]假定最先进的减排技术得到充分利用。

对于工业部门,BAU[0]/PC[0]情景假设采取现有政策和现有执行力度。在 BAU[1]/PC[1]情景中,工业锅炉的控制措施主要依据《环境保护十二五规划》及其延续:对于 SO$_2$,FGD 得到大规模推广,到 2015 年、2020 年和 2030 年应用比例分别达到 20％、40％和 80％;对于 NO$_x$,在 2011—2015 年间,新建工业锅炉安装低氮燃烧技术,重点地区的现有锅炉开始进行低氮燃烧改造;到 2020 年,大多数现有锅炉都将安装低氮燃烧技术;对于 PM,电除尘和布袋等高效除尘将逐渐取代低效的湿法除尘。对于工业过程源,假设 2010—2013 年间颁布的最新排放标准逐步实施,考虑到实际执行过程中的难度,控制措施的落实时间相对于标准的规定会有所滞后;这些新颁布的标准包括《炼铁工业大气污染物排放标准》等 6 项钢铁工业排放标准、《炼焦化学工业污染物排放标准》、《砖瓦工业大气污染物排放标准》、《陶瓷工业污染物排放标准》、《平板玻璃工业大气污染物排放标准》、《铅、锌工业污染物排放标准》、《铝工业污染物排放标准》、《硝酸工业污染物排放标准》和《硫酸工业污染物排放标准》等。BAU[2]/PC[2]假定最先进的减排技术得到充分利用。

对民用商用部门和生物质开放燃烧,在 BAU[0]/PC[0]情景中没有采

用 SO_2 和 NO_x 末端控制措施,民用锅炉的除尘措施以旋风除尘和湿法除尘为主。在 BAU[1]/PC[1] 情景中,布袋除尘和低硫型煤得到逐步采用,两者的应用比例在 2020 年和 2030 年均分别达到 20% 和 40%。此外还考虑了先进煤炉,先进生物质炉灶(如燃烧方式调整、催化炉灶)等措施的运用。在 BAU[2]/PC[2] 情景下,最先进的控制措施得到充分应用,除以上提到的控制措施外,还包括推广生物质成型燃料炉灶以及强力禁止开放燃烧。

对于交通部门,在 BAU[0]/PC[0] 情景下,仅仅实施现有的标准。在 BAU[1]/PC[1] 和 BAU[2]/PC[2] 情景下,欧洲现有的标准将逐渐在中国实施,两个标准之间间隔的时间与欧洲的情况相同或者略短。在 BAU[2]/PC[2] 情景中,高排放车辆还将加快淘汰,因此到 2030 年,达到欧洲现有最严格排放标准的车辆比例几乎达到 100%。

对于溶剂使用部门,BAU[0]/PC[0] 情景仅仅考虑了现有的政策和执行力度。BAU[1]/PC[1] 情景假定在"十二五"期间,新的 NMVOC 排放标准(覆盖范围和严格程度与欧盟指令 1999/13/EC 和 2004/42/EC 相似或略弱,因不同行业而异)将会在重点省份颁布并执行;"十三五"期间,在其他省份也会颁布执行。之后,NMVOC 的排放标准会进一步逐渐加严。BAU[2]/PC[2] 情景假定最佳可用技术得到充分的应用。

4.5.1.2   能源消费和污染物排放预测结果

根据以上关于驱动力、能源利用政策和污染控制政策的假设,计算了各情景下未来的能源消费量和主要污染物排放量。在 BAU 和 PC 情景下,中国能源消费总量将从 2010 年的 4159Mtce[①] 分别增加到 2030 年的 6817Mtce 和 5295Mtce,增长率分别为 64% 和 27%。煤所占的比重将从 2010 年的 68% 下降到 2030 年的 60%(BAU 情景)和 52%(PC 情景);天然气、核能和可再生能源(不包括生物质)所占比例将从 2010 年的 11% 增加到 2030 年的 14%(BAU 情景)和 25%(PC 情景)。

表 4-8 给出了全国和上海、江苏、浙江各情景下主要污染物的排放量。从表中可以看出,在现有的政策和现有执行力度下,预计到 2030 年,我国 SO_2、NO_x 和 NMVOC 的排放量将分别相对于 2010 年增长 26%、36% 和 27%,$PM_{2.5}$、BC 和 OC 的排放量则分别下降约 8%、10% 和 25%。如果采用可持续的能源政策,到 2030 年,我国 SO_2、NO_x、$PM_{2.5}$、BC 和 OC 的排放

---

①   1Mtce(百万吨标准煤)$= 2.9 \times 10^{13}$ kJ。

量将分别相对于 2010 年下降 20%、3%、34%、44%和 55%,而 NMVOC 排放量仍将增长 6%。如果进一步采用循序渐进的末端治理政策,到 2030年,我国 SO$_2$、NO$_x$、NMVOC、PM$_{2.5}$、BC 和 OC 的排放量将分别相对于2010 年下降 53%、56%、27%、57%、67%和 66%。而如果充分采用技术上可行的控制技术,到 2030 年,我国 SO$_2$、NO$_x$、NMVOC、PM$_{2.5}$、BC 和 OC 的排放量将分别相对于 2010 年下降 66%、72%、55%、79%、85%和 90%。上海、江苏、浙江污染物排放量的变化趋势与全国类似,这里不再赘述。最后需要说明的是,由于 NH$_3$控制措施实施和排放源监管难度大,本研究没有对未来 NH$_3$排放进行情景预测。参考此前研究的结果[209],采用国际上最先进的技术,NH$_3$最大可能的减排幅度约为基准年排放量的 55%,因此,这里假设 BAU[2]和 PC[2]两个情景下的排放量为 2010 年排放量的 45%,而其他情景中,则假设其保持 2010 年排放量不变。

表 4-8　2010 年和各情景下 2030 年全国和上海、江苏、浙江主要污染物排放量

万吨

情景	SO$_2$	NO$_x$	PM$_{2.5}$	BC	OC	NMVOC	NH$_3$
全国							
2010	2442.3	2605.5	1178.6	192.6	321.3	2286.0	962.1
BAU[0]	3068.4	3535.1	1087.2	174.0	241.9	2897.4	962.1
BAU[1]	1822.6	1581.6	729.0	109.0	183.2	2045.7	962.1
BAU[2]	1331.8	984.7	340.8	48.1	54.0	1262.1	432.9
PC[0]	1949.4	2515.9	772.5	107.8	145.5	2429.7	962.1
PC[1]	1154.8	1146.9	502.8	63.0	110.0	1679.6	962.1
PC[2]	833.5	718.3	250.2	28.6	32.6	1036.7	432.9
上海、江苏、浙江							
2010	214.7	277.7	64.4	10.7	14.1	382.2	73.0
BAU[0]	239.1	359.5	60.2	9.3	10.7	526.8	73.0
BAU[1]	139.6	146.1	39.3	5.0	7.8	339.5	73.0
BAU[2]	102.9	94.6	18.9	1.8	1.8	200.1	32.9
PC[0]	153.4	251.6	46.1	6.5	7.4	469.0	73.0
PC[1]	89.1	108.1	29.4	3.3	5.5	297.4	73.0
PC[2]	64.6	69.5	15.0	1.3	1.4	172.7	32.9

4.5.2　污染物排放情景对 $PM_{2.5}$ 的影响评估

　　本节利用 4.2 节中建立的 ERSM 预测系统,预测了上节中的污染控制情景对长三角地区 $PM_{2.5}$ 及其主要组分浓度的影响。虽然本研究针对的是长三角地区,但是从 4.4.1 节的分析可以看出,长三角模拟域外的污染物排放对长三角地区 $PM_{2.5}$ 浓度的贡献在 1 月高达 30%～35%,在 8 月为 9%～10%,因此,模拟域外的控制政策也是分析长三角地区 $PM_{2.5}$ 控制政策时不得不考虑的因素。本研究针对模拟域外的地区假设了两种情景,第一种是假定未来各污染物的排放量保持 2010 年的排放量不变;第二种是假设未来 PC[1]情景的政策措施得到实施,即在能源利用和末端治理方面都有新的政策出台。针对模拟域外地区的上述两种情景,分别假设长三角模拟域内实施 BAU[0]、BAU[1]、BAU[2]、PC[0]、PC[1]、PC[2]共 6 种情景的控制措施,从而得到 12 种污染控制情景。利用 ERSM 预测系统快速计算上述 12 种控制情景下 2030 年长三角地区城区 1 月和 8 月平均的 $PM_{2.5}$ 及其主要组分浓度,结果如表 4-9 所示。

　　从表 4-9 中可以看出,2010 年上海、江苏、浙江地级市城区 1 月和 8 月平均的 $PM_{2.5}$ 浓度分别是 $55.7\mu g/m^3$、$75.8\mu g/m^3$、$62.5\mu g/m^3$,其中 NO_3^- 浓度为 $12.2\sim18.3\mu g/m^3$,SO_4^{2-} 浓度为 $7.1\sim9.8\mu g/m^3$,OA 浓度为 $12.5\sim16.4\mu g/m^3$。如果长三角模拟域外的排放量保持 2010 年的排放量不变,那么长三角地区在 BAU[0]情景下,2030 年 NO_3^-、SO_4^{2-} 和 OA 浓度将分别比 2010 年增加 $0.5\sim0.9\mu g/m^3$、$0.6\sim1.4\mu g/m^3$ 和 $0.03\sim1.1\mu g/m^3$,总 $PM_{2.5}$ 浓度将相应地比 2010 年增加 $2.1\sim3.1\mu g/m^3$;仍然保持模拟域外排放不变,长三角地区在其他情景下,2030 年各组分浓度一般都相对于 2010 年有所降低(PC[0]情景下 NO_3^- 浓度可略有升高),因此总 $PM_{2.5}$ 浓度也将低于 2010 年的浓度,其中在 PC[2]情景下,2030 年 NO_3^-、SO_4^{2-} 和 OA 浓度将分别比 2010 年降低 $5.9\sim8.0\mu g/m^3$、$3.0\sim4.2\mu g/m^3$ 和 $3.4\sim5.8\mu g/m^3$,总 $PM_{2.5}$ 浓度将比 2010 年降低 $24.0\sim34.7\mu g/m^3$。如果长三角模拟域外实施 PC[1]情景的控制政策,那么长三角地区 2030 年的 $PM_{2.5}$ 浓度会额外降低 $7.7\sim10.5\mu g/m^3$。

　　如果长三角模拟域外的排放量保持 2010 年的排放量不变,即便长三角模拟域内充分实施技术上可行的控制措施(PC[2]情景),江苏的 $PM_{2.5}$ 浓度仍不能达标。如果长三角模拟域外实施 PC[1]情景的控制政策,那么当长三角模拟域内也实施 PC[1]的控制政策时,江苏 $PM_{2.5}$ 浓度不能达标;而长

表 4-9　2030 年各控制情景下长三角地区城区 1 月和 8 月平均 PM$_{2.5}$ 及其主要组分浓度

μg/m³

长三角模拟域外排放设置	长三角模拟域排放设置	NO$_3^-$			SO$_4^{2-}$			OA			PM$_{2.5}$		
		上海	江苏	浙江	上海	江苏	浙江	上海	江苏	浙江	上海	江苏	浙江
2010 年	2010 年	12.2	18.3	13.6	7.1	9.8	8.0	12.5	16.4	12.8	55.7	75.8	62.5
2010 年	BAU[0]	13.1	19.2	14.1	7.7	11.2	9.2	13.6	16.4	13.3	57.9	77.9	65.6
2010 年	BAU[1]	10.9	16.9	12.3	5.5	8.4	7.2	11.4	14.5	11.8	45.7	62.0	50.3
2010 年	BAU[2]	7.3	11.2	8.0	4.6	6.5	5.7	9.0	11.1	9.7	35.1	45.5	37.4
2010 年	PC[0]	12.3	18.4	13.7	6.3	9.2	7.6	12.8	15.2	12.7	50.5	70.3	58.7
2010 年	PC[1]	10.1	15.5	11.4	4.7	7.3	6.2	10.6	13.3	11.2	39.9	55.6	45.3
2010 年	PC[2]	6.3	10.3	7.2	4.0	5.6	5.0	8.6	10.6	9.4	31.7	41.1	34.4
PC[1]	BAU[0]	10.9	16.4	12.5	7.0	10.3	8.4	10.8	12.6	10.1	50.0	67.4	57.9
PC[1]	BAU[1]	8.7	14.1	10.8	4.8	7.5	6.4	8.6	10.7	8.6	37.8	51.5	42.7
PC[1]	BAU[2]	5.1	8.4	6.4	3.9	5.6	4.9	6.3	7.3	6.5	27.2	35.2	29.7
PC[1]	PC[0]	10.2	15.5	12.1	5.6	8.3	6.8	10.0	11.4	9.5	42.6	59.8	51.0
PC[1]	PC[1]	8.0	12.7	9.8	4.0	6.4	5.4	7.9	9.6	8.0	32.0	45.1	37.6
PC[1]	PC[2]	4.1	7.5	5.6	3.3	4.7	4.2	5.8	6.8	6.2	23.8	30.6	26.7

三角模拟域内实施 PC[2]情景的控制措施时,那么各区域城区的 $PM_{2.5}$ 浓度均低于标准限值。

4.5.3　$PM_{2.5}$浓度达标情景分析

本节在上节的基础上,进一步示范采用 ERSM 技术快速寻找 $PM_{2.5}$ 达标情景的方法。在实际决策过程中,决策者可采用本节的方法,并根据各地区的实际情况,开展基于空气质量目标的 $PM_{2.5}$ 污染控制快速决策。

将《环境空气质量标准》(GB 3095—2012)中 $PM_{2.5}$ 浓度的限值(年均浓度 $35\mu g/m^3$)作为环境目标。考虑到本研究仅建立了 1 月和 8 月两个月的 ERSM 预测系统,且本节主要目的是示范 ERSM 的应用,而非直接服务于控制决策,因此,本节近似地采用 1 月和 8 月平均 $PM_{2.5}$ 及组分浓度代替年均浓度。从表 4-9 可以看出,如果长三角模拟域外的排放量保持 2010 年的排放量不变,即便长三角模拟域内采用最大减排潜力的措施仍不能使 $PM_{2.5}$ 浓度全面达标,因此,本节首先假设长三角模拟域外的地区采用 PC[1]情景的控制措施,即新的能源利用政策和末端治理政策均循序渐进的出台并实施。在此基础上,长三角模拟域内实施 PC[1]的措施不能全面达标,而实施 PC[2]的措施各区域的 $PM_{2.5}$ 浓度均低于标准限值。因此,本节在 PC[1]和 PC[2]情景之间逐步加严污染控制政策,从而探讨使 $PM_{2.5}$ 达标需要怎样的控制政策。

本节设计了一系列的控制策略,这些策略以 PC[1]情景为出发点,依次假设越来越多的部门实施 PC[2]的控制措施。各策略的基本假设和 $PM_{2.5}$ 及组分浓度预测结果如表 4-10 和表 4-11 所示。例如,在策略 1 中仅假设电厂实施 PC[2]的措施,其他所有部门均实施 PC[1]的措施;在策略 2 中,实施 PC[2]措施的部门增加为 2 个,即电厂和工业锅炉;依次类推,对工业过程、交通、溶剂使用、民用商用和生物质开放燃烧依次实施 PC[2]的控制措施,这一部门排序大致是按照实施最大减排措施从易到难的顺序[210]。最后,由于对农业部门(牲畜养殖、化肥施用)的控制措施实施和排放源监管难度大,PC[2]情景的实现难度很大,因此设计了一种 PC[2]情景的控制措施得到部分实施的策略(策略 8),该策略使得 NH_3 排放量在 2010 年的基础上减排 35%(PC[2]情景可减排 55%)。从表中可以看出,电厂、工业锅炉、工业过程、交通、溶剂使用、民用商用部门采用 PC[2]的控制措施,其他部门采用 PC[1]的控制措施的策略(即策略 6)可实现 $PM_{2.5}$ 浓度达标。与 2010 年相比,该策略可分别使 NO_3^-、SO_4^{2-} 和 OA 浓度降低 $6.5\sim 8.7\mu g/m^3$、$3.4\sim 4.4\mu g/m^3$ 和 $6.3\sim 9.0\mu g/m^3$,总 $PM_{2.5}$ 浓度将降低 $29.6\sim 40.9\mu g/m^3$。

表 4-10　2030 年各控制策略的基本假设

控制策略	电厂	工业锅炉	工业过程	交通	溶剂使用	民用商用	生物质开放燃烧	农业
策略 1	PC[2]	PC[1]	PC[1]	PC[1]	PC[1]	PC[1]	PC[1]	PC[1]
策略 2	PC[2]	PC[2]	PC[1]	PC[1]	PC[1]	PC[1]	PC[1]	PC[1]
策略 3	PC[2]	PC[2]	PC[2]	PC[1]	PC[1]	PC[1]	PC[1]	PC[1]
策略 4	PC[2]	PC[2]	PC[2]	PC[2]	PC[1]	PC[1]	PC[1]	PC[1]
策略 5	PC[2]	PC[2]	PC[2]	PC[2]	PC[2]	PC[1]	PC[1]	PC[1]
策略 6	PC[2]	PC[2]	PC[2]	PC[2]	PC[2]	PC[2]	PC[1]	PC[1]
策略 7	PC[2]	PC[2]	PC[2]	PC[2]	PC[2]	PC[2]	PC[2]	PC[1]
策略 8	PC[2]	PC[2]	PC[2]	PC[2]	PC[2]	PC[2]	PC[2]	采用 PC[2]的部分措施，使得 NH$_3$ 排放量比 2010 年减排 35%
策略 9	PC[2]	PC[2]	江苏 PC[2]、其他三区域 PC[1]	江苏 PC[2]、其他三区域 PC[1]	江苏 PC[2]、其他三区域 PC[1]	江苏 PC[2]、其他三区域 PC[1]	江苏 PC[2]、其他三区域 PC[1]	江苏采用 PC[2]的部分措施，使得 NH$_3$ 排放量比 2010 年减排 35%，其他三区域 PC[1]

表 4-11　2030 年各控制策略下长三角地区城区 1 月和 8 月平均 PM$_{2.5}$及其主要组分浓度

μg/m³

控制策略	NO$_3^-$			SO$_4^{2-}$			OA			PM$_{2.5}$		
	上海	江苏	浙江	上海	江苏	浙江	上海	江苏	浙江	上海	江苏	浙江
策略 1	7.9	12.6	9.8	4.0	6.4	5.4	7.9	9.6	8.0	31.7	44.9	37.4
策略 2	6.7	11.5	8.9	3.8	6.0	5.0	7.8	9.6	8.0	30.2	42.2	35.2
策略 3	5.6	9.7	7.2	3.5	5.4	4.6	7.1	9.0	7.6	27.3	37.1	31.1
策略 4	5.6	9.7	7.2	3.5	5.4	4.6	7.1	9.0	7.6	27.3	37.1	31.1
策略 5	5.6	9.7	7.2	3.5	5.4	4.6	6.3	8.1	6.9	26.6	36.2	30.4
策略 6	5.5	9.6	7.1	3.5	5.4	4.6	6.1	7.4	6.5	26.1	34.9	29.6
策略 7	5.4	9.3	6.9	3.5	5.4	4.6	5.8	6.8	6.2	25.3	33.4	28.7
策略 8	4.8	8.5	6.1	3.4	5.0	4.3	5.8	6.8	6.2	24.4	31.8	27.4
策略 9	6.2	9.4	8.5	3.6	5.1	4.9	7.3	7.7	7.7	28.8	34.3	34.1

　　以上示范了采用 ERSM 快速探索 PM$_{2.5}$达标情景的方法,并给出了一种可能的 PM$_{2.5}$达标的策略。但实际上,各区域、各部门、各污染物可产生众多使 PM$_{2.5}$浓度达标的减排量组合。例如,可考虑对达标难度比较大的区域采取比较严格的控制措施,而达标难度较小的区域采用比较宽松的控制措施。按照这种思路,表 4-10 和表 4-11 中给出了另外一种可能的达标策略(策略 9),该策略对达标难度大的江苏采用的措施很严格,而对上海、浙江和"其他"的控制措施则相对较弱。这种因区域而异的减排设计,可能更有利于资源优化配置,其最终目标是探索一种各区域、各部门、各污染物减排率的"最优化"组合,从而以最小的经济代价取得最高的环境效益。要实现这一目标,一方面需要采用污染控制技术模型建立各区域、各部门、各污染物减排率与费用之间的定量关系;另一方面需采用效益评估模型建立 PM$_{2.5}$及组分浓度与环境效益的定量关系,特别是应考虑不同 PM$_{2.5}$化学组分对人体健康、能见度和气候变化的不同影响。最后,将 ERSM 技术与污染控制技术模型和效应评估模型相耦合,采用最优化方法,探索费用效益比最高的污染控制策略。这是未来研究中应着重解决的问题。

4.6　本章小结

　　(1) 开发了 ERSM 技术,该技术可建立 PM$_{2.5}$及其组分浓度与多个区域、多个部门、多种污染物排放量之间的快速响应关系。与此前研究建立的响应模型相比,ERSM 技术利用统计学手段表征了目标区域前体物排放及源区域前体物跨区域传输的影响,以及目标区域大气化学反应对 $PM_{2.5}$ 浓度的贡献,从而使该技术适用于各区域间相互影响显著的城市群地区。

(2) 利用 ERSM 技术建立了长三角地区 $PM_{2.5}$ 及其组分浓度与 44 个控制变量(即区域/部门/污染物组合)之间的快速响应关系。利用 44 个独立的控制情景对 ERSM 技术的可靠性进行了外部验证,结果表明,ERSM 的预测的 $PM_{2.5}$ 浓度与 CMAQ 模拟值吻合很好,两者的相关系数在每个区域、每个月都达到 0.995 以上,MNE 均在 1.0% 以下。等值线验证的结果进一步表明,ERSM 技术可以较好地重现出前体物排放量在 0~150% 之间连续变化时 $PM_{2.5}$ 浓度的变化趋势。

(3) 将 ERSM 技术用于长三角地区 $PM_{2.5}$ 及其组分的非线性源解析。结果表明,长三角地区 $PM_{2.5}$ 浓度对一次无机 $PM_{2.5}$ 的排放最为敏感,但对各种前体物排放的敏感性之和一般要超过一次无机 $PM_{2.5}$。在前体物中,1 月 $PM_{2.5}$ 浓度对 NH_3 的排放最为敏感,随后是 NMVOC+IVOC、SO_2 和 POA;8 月,$PM_{2.5}$ 浓度对各种前体物排放均比较敏感,其敏感性的相对大小在不同的减排率下有所不同。随着减排率的增加,$PM_{2.5}$ 浓度对一次无机 $PM_{2.5}$ 排放的敏感性保持不变,而对各种前体物排放的敏感性均有所变化,特别是 $PM_{2.5}$ 浓度对 NH_3 和 NO_x 的敏感性随减排率增大有明显增加。

(4) 1 月时,NO_3^- 浓度对 NH_3 排放最为敏感;在 8 月,NO_3^- 浓度对 NO_x 和 NH_3 的排放均很敏感,两者的贡献基本相当。在 1 月和 8 月,SO_2 排放都是 SO_4^{2-} 浓度的最主要贡献源,对 SO_4^{2-} 浓度的贡献可达所有排放源的 70%~80%。1 月,OA 浓度对本地 POA 排放最为敏感,之后是本地 NMVOC+IVOC 排放和外区域 NMVOC+IVOC 排放;8 月,OA 浓度对本地 NMVOC+IVOC 排放、本地 POA 排放和上风向的 NMVOC+IVOC 排放的敏感性基本相当。

(5) 利用 ERSM 技术开展了 $PM_{2.5}$ 污染控制情景分析。首先分 6 种情景预测了全国和长三角地区在不同的能源政策和污染控制政策下未来主要污染物的排放量,并利用 ERSM 技术快速预测了上述情景下 $PM_{2.5}$ 及主要组分的浓度。结果表明,如果长三角模拟域外的排放量保持 2010 年的排放量不变,即便长三角模拟域内充分实施技术上可行的控制措施(PC[2]情景),仍不能使 $PM_{2.5}$ 浓度全面达标。如果长三角模拟域外实施 PC[1]情景的控制政策,那么长三角模拟域内实施 PC[1]的措施不能全面达标,而实施 PC[2]的措施各区域的 $PM_{2.5}$ 浓度均低于标准限值。在 PC[1]和 PC[2]情景之间,通过逐步加严污染控制政策并利用 ERSM 技术快速计算的方法,可找到使 $PM_{2.5}$ 浓度达标的控制情景。

第 5 章　结论与建议

5.1　结论

本研究探索了 PM$_{2.5}$ 化学组成特别是有机气溶胶的数值模拟方法,并在此基础上建立了 PM$_{2.5}$ 及组分浓度与大气污染物排放的快速响应关系。首先,利用 2D-VBS 箱式模型对一系列传统前体物生成 SOA 的老化实验和稀释烟气氧化实验进行模拟,提出了用于三维数值模拟的 2D-VBS 参数化方案。进而开发了 CMAQ/2D-VBS 空气质量模拟系统,利用该模拟系统对中国 PM$_{2.5}$ 的化学组成、特别是有机气溶胶进行模拟,并利用观测数据对模拟结果进行了校验。然后,研究开发了 ERSM 技术,基于 ERSM 技术建立了长三角地区 PM$_{2.5}$ 及其组分浓度与多个区域、多个部门、多种污染物排放量之间的非线性响应关系,并利用外部验证和等值线验证的方法对其可靠性进行了校验。最后,研究利用 ERSM 技术解析了 PM$_{2.5}$ 及其组分的来源,开展了 PM$_{2.5}$ 污染控制情景分析。本研究得出的主要研究结论如下:

(1) 如果采用烟雾箱实验拟合参数模拟传统 SOA 前体物的第一级氧化反应,采用 2D-VBS 模拟后续的老化反应,会导致对开始阶段老化反应的重复计算,从而高估 SOA 的浓度。应对第一级氧化过程进行直接模拟,采用 2D-VBS 模拟后续的老化反应,并针对甲苯和 α-蒎烯采用不同的 2D-VBS 模型配置。

(2) 稀释烟气氧化实验模拟结果离散性较大,基准情景下 OA 模拟值/OA 实测值散布于 0.2～3.0 之间。基准情景的模型配置总体低估了实测的 OA 浓度,汽油车、柴油车和生物质燃烧三组实验 OA 模拟值/OA 实测值的中位数分别为 0.70、0.67 和 0.82,平均为 0.73。研究提出采用 3 层平行的 2D-VBS 分别模拟人为源 SOA 的老化过程、自然源 SOA 的老化过程和 POA/IVOC 的氧化过程,并分别确定了 3 层 2D-VBS 的模型参数。

(3) CMAQ v5.0.1 对 OA 浓度平均低估 45% 左右,且显著低估了 OA 中 SOA 的比例。本研究建立的 CMAQ/2D-VBS 模拟系统显著改进了 OA 和 SOA 的模拟结果,将 OA 浓度的平均低估幅度从 45% 降低到 19%,且

SOA 比例和 O∶C 的模拟值与多数站点的观测值吻合良好。模拟结果表明,POA/IVOC 的排放量是对 OA 浓度的模拟结果影响最大的因素,其次是人为源 NMVOC 的排放量以及 POA/IVOC 氧化机制。

(4) OA 老化过程和 IVOC 氧化过程可使中国东部 1、5、8、11 这 4 个月平均的 OA 浓度和 SOA 浓度分别增加 42% 和 10.6 倍,单个月的增加幅度分别为 30%~64% 和 6.0~14.3 倍。AVOC、BVOC、POA 和 IVOC 对中国东部 4 个月平均 OA 浓度的贡献分别为 $1.02\mu g/m^3$(8.7%)、$0.63\mu g/m^3$(5.4%)、$4.71\mu g/m^3$(40.2%)和 $5.36\mu g/m^3$(45.7%);对 SOA 的贡献则分别为 $1.02\mu g/m^3$(11.4%)、$0.63\mu g/m^3$(7.0%)、$2.15\mu g/m^3$(24.0%)和 $5.14\mu g/m^3$(57.5%)。人为源 SOA 老化和自然源 SOA 老化可分别使 AVOC 和 BVOC 生成的 SOA 浓度增加约 168% 和 54%。

(5) 基于对前体物区域传输过程和大气化学反应过程的多维统计表征,本研究开发了适用于城市群地区 $PM_{2.5}$ 及组分与多区域、多部门、多污染物排放非线性响应关系评估的 ERSM 技术。外部验证的结果表明,ERSM 的预测的 $PM_{2.5}$ 浓度与 CMAQ 模拟值吻合很好,两者的相关系数在每个区域、每个月份都达到 0.995 以上,MNE 均在 1.0% 以下。等值线验证的结果进一步表明,ERSM 技术可以较好地重现出前体物排放量在 0~150% 之间连续变化时,$PM_{2.5}$ 浓度的变化趋势。

(6) 长三角地区 $PM_{2.5}$ 浓度对一次无机 $PM_{2.5}$ 的排放最为敏感。在前体物中,1 月 $PM_{2.5}$ 浓度对 NH_3 的排放最为敏感,8 月,$PM_{2.5}$ 浓度对各种前体物排放均比较敏感。$PM_{2.5}$ 浓度对一次无机 $PM_{2.5}$ 排放的敏感性不随减排率变化,而对 NH_3 和 NO_x 排放的敏感性随减排率增大有明显增加。一次无机 $PM_{2.5}$ 排放对 $PM_{2.5}$ 浓度的贡献以本地源为绝对主导;相比之下,本区域和其他区域前体物排放对 $PM_{2.5}$ 浓度均有重要贡献。1 月,OA 浓度对本地 POA 排放最为敏感,之后是本地 NMVOC + IVOC 排放和外区域 NMVOC+IVOC 排放;8 月,OA 浓度对本地 NMVOC+IVOC 排放、本地 POA 排放和上风向的 NMVOC+IVOC 排放的敏感性基本相当。ERSM 技术可应用于重点区域 $PM_{2.5}$ 污染控制的快速决策。

5.2   建议

在本研究的基础上,对未来的研究工作提出以下三点建议:

(1) 建议利用更多的烟雾箱实验结果优化 2D-VBS 参数化方案,减少模型参数和模拟结果的不确定性。在 2D-VBS 模拟框架的基础上，加入更多的 SOA 生成新机制，进一步改进模拟效果。可加入的机制包括：1）NO_x 对 SOA 老化过程的影响机制；2）超低挥发性有机物的生成机制；3）聚合物的生成机制；4）液相 SOA 生成机制；5）二次无机气溶胶与 SOA 生成的耦合机制等。

（2）本研究表明，POA/IVOC 的排放量是对 OA 浓度的模拟结果影响最大的因素。目前 POA 和 IVOC 的排放清单还很不完善，其中 IVOC 在当前的排放清单中普遍缺失，POA 的排放量和挥发性、氧化态分布也有较大不确定性。建议今后加强 POA 和 IVOC 排放清单的研究，减少其不确定性。

（3）本研究建立了 $PM_{2.5}$ 及组分浓度与多区域、多部门、多种污染物排放之间的快速响应模型，建议今后的研究将该模型与污染控制技术模型和健康/生态效益评估模型相耦合，采用最优化方法，探索费用效益比最高的 $PM_{2.5}$ 污染控制对策。

参 考 文 献

[1] VAN DONKELAAR A，MARTIN R V，BRAUER M，BOYS B L. Use of satellite observations for long-term exposure assessment of global concentrations of fine particulate matter[J]. Environmental Health Perspectives，2015，123(2)：135-143.

[2] ZHANG X Y，WANG Y Q，NIU T，et al. Atmospheric aerosol compositions in China：spatial/temporal variability，chemical signature，regional haze distribution and comparisons with global aerosols[J]. Atmospheric Chemistry and Physics，2012，12(2)：779-799.

[3] LIM S S，VOS T，FLAXMAN A D，et al. A comparative risk assessment of burden of disease and injury attributable to 67 risk factors and risk factor clusters in 21 regions，1990—2010：a systematic analysis for the Global Burden of Disease Study 2010[J]. The Lancet，2012，380(9859)：2224-2260.

[4] BURNETT R T，POPE C A，EZZATI M，et al. An integrated risk function for estimating the global burden of disease attributable to ambient fine particulate matter exposure[J]. Environmental Health Perspectives，2014，122(4)：397-403.

[5] SOLOMON S，QIN D，MANNING M，et al. Climate change 2007：The physical science basis. Contribution of Working Group I to the Fourth Assessment Report of the Intergovernmental Panel on Climate Change [M]. Cambridge，United Kingdom and New York，NY，USA：Cambridge University Press，2007.

[6] 中华人民共和国国务院. 国务院关于印发大气污染防治行动计划的通知[EB/OL]. 2013 [2015-03-01]. http：//www. gov. cn/zwgk/2013-09/12/content _ 2486773. htm.

[7] YANG F，TAN J，ZHAO Q，et al. Characteristics of $PM_{2.5}$ speciation in representative megacities and across China [J]. Atmospheric Chemistry and Physics，2011，11(11)：5207-5219.

[8] HE K B，YANG F M，MA Y L，et al. The characteristics of $PM_{2.5}$ in Beijing，China[J]. Atmospheric Environment，2001，35(29)：4959-4970.

[9] 程真. 长三角城市群灰霾污染与颗粒物理化性质的关系[D]. 北京：清华大学，2014.

[10] SEINFELD J H，PANDIS S N. Atmospheric chemistry and physics，from air pollution to climate change[M]. Hoboken，New Jersey：John Wiley & Sons，Inc.，2006.

[11] 唐孝炎，张远航，邵敏. 大气环境化学[M]. 北京：高等教育出版社，2006.

[12] 邢佳. 大气污染排放与环境效应的非线性响应关系研究[D]. 北京：清华大学，2011.

[13] 王丽涛. 北京地区空气质量模拟和控制情景研究[D]. 北京：清华大学，2006.

[14] FU X，WANG S X，CHENG Z，et al. Source，transport and impacts of a heavy dust event in the Yangtze River Delta，China，in 2011[J]. Atmospheric Chemistry and Physics，2014，14(3)：1239-1254.

[15] AN X，ZHU T，WANG Z，et al. A modeling analysis of a heavy air pollution episode occurred in Beijing[J]. Atmospheric Chemistry and Physics，2007，7(12)：3103-3114.

[16] ZHANG Y，WEN X Y，WANG K，et al. Probing into regional O_3 and particulate matter pollution in the United States：2. An examination of formation mechanisms through a process analysis technique and sensitivity study[J]. Journal of Geophysical Research-Atmospheres，2009，114：D22305.

[17] ZHANG H L，LI J Y，YING Q，et al. Source apportionment of $PM_{2.5}$ nitrate and sulfate in China using a source-oriented chemical transport model[J]. Atmospheric Environment，2012，62：228-242.

[18] DONG X Y，LI J，FU J S，et al. Inorganic aerosols responses to emission changes in Yangtze River Delta，China[J]. Science of the Total Environment，2014，481：522-532.

[19] WANG S X，XING J，JANG C R，et al. Impact assessment of ammonia emissions on inorganic aerosols in East China using response surface modeling technique[J]. Environmental Science & Technology，2011，45(21)：9293-9300.

[20] WANG L T，JANG C，ZHANG Y，et al. Assessment of air quality benefits from national air pollution control policies in China：Part Ⅱ. Evaluation of air quality predictions and air quality benefits assessment[J]. Atmospheric Environment，2010，44(28)：3449-3457.

[21] WANG Y，HAO J，MCELROY M B，et al. Ozone air quality during the 2008 Beijing Olympics：Effectiveness of emission restrictions[J]. Atmospheric Chemistry and Physics，2009，9(14)：5237-5251.

[22] ZHAO B，WANG S X，WANG J D，et al. Impact of national NO_x and SO_2 control policies on particulate matter pollution in China[J]. Atmospheric Environment，2013，77：453-463.

[23]　CARLTON A G, BHAVE P V, NAPELENOK S L, et al. Model representation of secondary organic aerosol in CMAQv4. 7 [J]. Environmental Science & Technology, 2010, 44(22): 8553-8560.

[24]　ZHANG Y, HUANG J P, HENZE D K, et al. Role of isoprene in secondary organic aerosol formation on a regional scale [J]. Journal of Geophysical Research-Atmospheres, 2007, 112: D20207.

[25]　VOLKAMER R, JIMENEZ J L, SAN MARTINI F, et al. Secondary organic aerosol formation from anthropogenic air pollution: Rapid and higher than expected[J]. Geophysical Research Letters, 2006, 33(17): L17811.

[26]　WANG Y X, ZHANG Q Q, JIANG J K, et al. Enhanced sulfate formation during China's severe winter haze episode in January 2013 missing from current models[J]. Journal of Geophysical Research-Atmospheres, 2014, 119 (17): 10425-10440

[27]　DZEPINA K, VOLKAMER R M, MADRONICH S, et al. Evaluation of recently-proposed secondary organic aerosol models for a case study in Mexico City[J]. Atmospheric Chemistry and Physics, 2009, 9(15): 5681-5709.

[28]　GUENTHER A, KARL T, HARLEY P, et al. Estimates of global terrestrial isoprene emissions using MEGAN (Model of Emissions of Gases and Aerosols from Nature)[J]. Atmospheric Chemistry and Physics, 2006, 6: 3181-3210.

[29]　ZHANG Y. Online-coupled meteorology and chemistry models: History, current status, and outlook[J]. Atmospheric Chemistry and Physics, 2008, 8 (11): 2895-2932.

[30]　WONG D C, PLEIM J, MATHUR R, et al. WRF-CMAQ two-way coupled system with aerosol feedback: Software development and preliminary results[J]. Geoscientific Model Development, 2012, 5(2): 299-312.

[31]　DONNER L J, WYMAN B L, HEMLER R S, et al. The dynamical core, physical parameterizations, and basic simulation characteristics of the Atmospheric Component AM3 of the GFDL Global Coupled Model CM3[J]. Journal of Climate, 2011, 24(13): 3484-3519.

[32]　APPEL K W, Roselle S J, Gilliam R C, Pleim J E. Sensitivity of the Community Multiscale Air Quality (CMAQ) model v4. 7 results for the eastern United States to MM5 and WRF meteorological drivers[J]. Geoscientific Model Development, 2010, 3(1): 169-188.

[33]　KWOK R H F, FUNG J C H, LAU A K H, FU J S. Numerical study on seasonal variations of gaseous pollutants and particulate matters in Hong Kong and Pearl River Delta Region[J]. Journal of Geophysical Research-Atmospheres,

2010，115：D16308.

[34] LIU X H, ZHANG Y, OLSEN K M, et al. Responses of future air quality to emission controls over North Carolina: Part Ⅰ. Model evaluation for current-year simulations[J]. Atmospheric Environment, 2010, 44(20): 2443-2456.

[35] WANG S X, XING J, CHATANI S, et al. Verification of anthropogenic emissions of China by satellite and ground observations [J]. Atmospheric Environment, 2011, 45(35): 6347-6358.

[36] TUCCELLA P, CURCI G, VISCONTI G, et al. Modeling of gas and aerosol with WRF/Chem over Europe: Evaluation and sensitivity study[J]. Journal of Geophysical Research-Atmospheres, 2012, 117: D03303.

[37] GAO Y, ZHAO C, LIU X H, et al. WRF-Chem simulations of aerosols and anthropogenic aerosol radiative forcing in East Asia [J]. Atmospheric Environment, 2014, 92: 250-266.

[38] WU S Y, KRISHNAN S, ZHANG Y, ANEJA V. Modeling atmospheric transport and fate of ammonia in North Carolina: Part Ⅰ. Evaluation of meteorological and chemical predictions[J]. Atmospheric Environment, 2008, 42(14): 3419-3436.

[39] MATSUI H, KOIKE M, KONDO Y, et al. Spatial and temporal variations of aerosols around Beijing in summer 2006: Model evaluation and source apportionment [J]. Journal of Geophysical Research-Atmospheres, 2009, 114: D00G13.

[40] MARMUR A, LIU W, WANG Y, et al. Evaluation of model simulated atmospheric constituents with observations in the factor projected space: CMAQ simulations of SEARCH measurements[J]. Atmospheric Environment, 2009, 43(11): 1839-1849.

[41] FOLEY K M, ROSELLE S J, APPEL K W, et al. Incremental testing of the Community Multiscale Air Quality (CMAQ) modeling system version 4. 7[J]. Geoscientific Model Development, 2010, 3(1): 205-226.

[42] ZHANG Y, OLSEN K M, WANG K. Fine scale modeling of agricultural air quality over the southeastern United States using two air quality models: Part Ⅰ. Application and evaluation[J]. Aerosol and Air Quality Research, 2013, 13(4): 1231-1252.

[43] APPEL K W, BHAVE P V, GILLILAND A B, et al. Evaluation of the Community Multiscale Air Quality (CMAQ) model version 4. 5: Sensitivities impacting model performance: Part Ⅱ. Particulate matter[J]. Atmospheric Environment, 2008, 42(24): 6057-6066.

[44] KARYDIS V A, TSIMPIDI A P, PANDIS S N. Evaluation of a three-dimensional chemical transport model (PMCAMx) in the eastern United States for all four seasons[J]. Journal of Geophysical Research-Atmospheres, 2007, 112: D14211.

[45] CHEN J, VAUGHAN J, AVISE J, et al. Enhancement and evaluation of the AIRPACT ozone and $PM_{2.5}$ forecast system for the Pacific Northwest[J]. Journal of Geophysical Research-Atmospheres, 2008, 113: D14305.

[46] ZHANG Y, VIJAYARAGHAVAN K, WEN X Y, et al. Probing into regional ozone and particulate matter pollution in the United States: 1. A 1 year CMAQ simulation and evaluation using surface and satellite data [J]. Journal of Geophysical Research-Atmospheres, 2009, 114: D22304.

[47] ZHANG H L, CHEN G, HU J L, et al. Evaluation of a seven-year air quality simulation using the Weather Research and Forecasting (WRF)/Community Multiscale Air Quality (CMAQ) models in the eastern United States[J]. Science of the Total Environment, 2014, 473: 275-285.

[48] YAHYA K, ZHANG Y, VUKOYICH J M. Real-time air quality forecasting over the southeastern United States using WRF/Chem-MADRID: Multiple-year assessment and sensitivity studies[J]. Atmospheric Environment, 2014, 92: 318-338.

[49] WANG Y, ZHANG Q Q, HE K, et al. Sulfate-nitrate-ammonium aerosols over China: response to 2000-2015 emission changes of sulfur dioxide, nitrogen oxides, and ammonia[J]. Atmospheric Chemistry and Physics, 2013, 13(5): 2635-2652.

[50] SIMPSON D, YTTRI K E, KLIMONT Z, et al. Modeling carbonaceous aerosol over Europe: Analysis of the CARBOSOL and EMEP EC/OC campaigns[J]. Journal of Geophysical Research-Atmospheres, 2007, 112: D23S14.

[51] HEALD C L, JACOB D J, PARK R J, et al. A large organic aerosol source in the free troposphere missing from current models [J]. Geophysical Research Letters, 2005, 32: L18809.

[52] KANAKIDOU M, SEINFELD J H, PANDIS S N, et al. Organic aerosol and global climate modelling: A review[J]. Atmospheric Chemistry and Physics, 2005, 5: 1053-1123.

[53] CARLTON A G, WIEDINMYER C, KROLL J H. A review of Secondary Organic Aerosol (SOA) formation from isoprene[J]. Atmospheric Chemistry and Physics, 2009, 9(14): 4987-5005.

[54] BLOSS C, WAGNER V, JENKIN M E, et al. Development of a detailed

chemical mechanism （MCMv3. 1） for the atmospheric oxidation of aromatic hydrocarbons[J]. Atmospheric Chemistry and Physics, 2005, 5: 641-664.

[55] JENKIN M E, SAUNDERS S M, WAGNER V, PILLING M J. Protocol for the development of the Master Chemical Mechanism, MCM v3: Part B. Tropospheric degradation of aromatic volatile organic compounds[J]. Atmospheric Chemistry and Physics, 2003, 3: 181-193.

[56] SAUNDERS S M, JENKIN M E, DERWENT R G, PILLING M J. Protocol for the development of the Master Chemical Mechanism, MCM v3: Part A. Tropospheric degradation of non-aromatic volatile organic compounds [J]. Atmospheric Chemistry and Physics, 2003, 3: 161-180.

[57] MADRONICH S, CALVERT J G. The NCAR Master Mechanism of the gas phase chemistry-version 2. 0 [Z]. Boulder, Colorado: National Center for Atmospheric Research, 1989.

[58] AUMONT B, MADRONICH S, BEY I, TYNDALL G S. Contribution of secondary VOC to the composition of aqueous atmospheric particles: A modeling approach[J]. Journal of Atmospheric Chemistry, 2000, 35(1): 59-75.

[59] AUMONT B, SZOPA S, MADRONICH S. Modelling the evolution of organic carbon during its gas-phase tropospheric oxidation: Development of an explicit model based on a self generating approach [J]. Atmospheric Chemistry and Physics, 2005, 5: 2497-2517.

[60] CAMREDON M, AUMONT B, LEE-TAYLOR J, MADRONICH S. The SOA/VOC/NO$_x$ system: an explicit model of secondary organic aerosol formation [J]. Atmospheric Chemistry and Physics, 2007, 7(21): 5599-5610.

[61] JOHNSON D, UTEMBE S R, JENKIN M E, et al. Simulating regional scale secondary organic aerosol formation during the TORCH 2003 campaign in the southern UK[J]. Atmospheric Chemistry and Physics, 2006, 6: 403-418.

[62] LEE-TAYLOR J, MADRONICH S, AUMONT B, et al. Explicit modeling of organic chemistry and secondary organic aerosol partitioning for Mexico City and its outflow plume [J]. Atmospheric Chemistry and Physics, 2011, 11 (24): 13219-13241.

[63] PANKOW J F. An absorption-model of the gas aerosol partitioning involved in the formation of secondary organic aerosol[J]. Atmospheric Environment, 1994, 28(2): 189-193.

[64] PANKOW J F. An absorption-model of gas-particle partitioning of organic-compounds in the atmosphere[J]. Atmospheric Environment, 1994, 28(2): 185-188.

[65] DONAHUE N M, HENRY K M, MENTEL T F, et al. Aging of biogenic secondary organic aerosol via gas-phase OH radical reactions[J]. Proceedings of the National Academy of Sciences of the United States of America, 2012, 109(34): 13503-13508.

[66] VADEN T D, IMRE D, BERANEK J, et al. Evaporation kinetics and phase of laboratory and ambient secondary organic aerosol[J]. Proceedings of the National Academy of Sciences of the United States of America, 2011, 108(6): 2190-2195.

[67] RIIPINEN I, PIERCE J R, DONAHUE N M, PANDIS S N. Equilibration time scales of organic aerosol inside thermodenuders: Evaporation kinetics versus thermodynamics[J]. Atmospheric Environment, 2010, 44(5): 597-607.

[68] ODUM J R, HOFFMANN T, BOWMAN F, et al. Gas/particle partitioning and secondary organic aerosol yields[J]. Environmental Science & Technology, 1996, 30(8): 2580-2585.

[69] CHUNG S H, SEINFELD J H. Global distribution and climate forcing of carbonaceous aerosols[J]. Journal of Geophysical Research-Atmospheres, 2002, 107(D19): 4407.

[70] DONAHUE N M, ROBINSON A L, STANIER C O, PANDIS S N. Coupled partitioning, dilution, and chemical aging of semivolatile organics [J]. Environmental Science & Technology, 2006, 40(8): 2635-2643.

[71] BARSANTI K C, CARLTON A G, CHUNG S H. Analyzing experimental data and model parameters: Implications for predictions of SOA using chemical transport models [J]. Atmospheric Chemistry and Physics, 2013, 13 (23): 12073-12088.

[72] LANE T E, DONAHUE N M, PANDIS S N. Simulating secondary organic aerosol formation using the volatility basis-set approach in a chemical transport model[J]. Atmospheric Environment, 2008, 42(32): 7439-7451.

[73] LANE T E, DONAHUE N M, PANDIS S N. Effect of NO_x on secondary organic aerosol concentrations[J]. Environmental Science & Technology, 2008, 42(16): 6022-6027.

[74] MURPHY B N, PANDIS S N. Simulating the formation of semivolatile primary and secondary organic aerosol in a regional chemical transport model [J]. Environmental Science & Technology, 2009, 43(13): 4722-4728.

[75] JIMENEZ J L, CANAGARATNA M R, DONAHUE N M, et al. Evolution of Organic Aerosols in the Atmosphere[J]. Science, 2009, 326(5959): 1525-1529.

[76] ROBINSON A L, DONAHUE N M, SHRIVASTAVA M K, et al. Rethinking organic aerosols: Semivolatile emissions and photochemical aging[J]. Science,

2007，315(5816)：1259-1262.

[77] TKACIK D S, PRESTO A A, DONAHUE N M, ROBINSON A L. Secondary organic aerosol formation from intermediate-volatility organic compounds: Cyclic, linear, and branched alkanes[J]. Environmental Science & Technology, 2012, 46(16): 8773-8781.

[78] JATHAR S H, GORDON T D, HENNIGAN C J, et al. Unspeciated organic emissions from combustion sources and their influence on the secondary organic aerosol budget in the United States[J]. Proceedings of the National Academy of Sciences of the United States of America, 2014, 111(29): 10473-10478.

[79] MURPHY B N, PANDIS S N. Exploring summertime organic aerosol formation in the eastern United States using a regional-scale budget approach and ambient measurements [J]. Journal of Geophysical Research-Atmospheres, 2010, 115: D24216.

[80] AHMADOV R, MCKEEN S A, ROBINSON A L, et al. A volatility basis set model for summertime secondary organic aerosols over the eastern United States in 2006[J]. Journal of Geophysical Research-Atmospheres, 2012, 117: D06301.

[81] TSIMPIDI A P, KARYDIS V A, ZAVALA M, et al. Evaluation of the volatility basis-set approach for the simulation of organic aerosol formation in the Mexico City metropolitan area[J]. Atmospheric Chemistry and Physics, 2010, 10(2): 525-546.

[82] KOO B, KNIPPING E, YARWOOD G. 1.5-Dimensional volatility basis set approach for modeling organic aerosol in CAMx and CMAQ[J]. Atmospheric Environment, 2014, 95: 158-164.

[83] SHRIVASTAVA M K, LANE T E, DONAHUE N M, et al. Effects of gas particle partitioning and aging of primary emissions on urban and regional organic aerosol concentrations[J]. Journal of Geophysical Research-Atmospheres, 2008, 113: D18301.

[84] SHRIVASTAVA M, FAST J, EASTER R, et al. Modeling organic aerosols in a megacity: Comparison of simple and complex representations of the volatility basis set approach[J]. Atmospheric Chemistry and Physics, 2011, 11(13): 6639-6662.

[85] FARINA S C, ADAMS P J, PANDIS S N. Modeling global secondary organic aerosol formation and processing with the volatility basis set: Implications for anthropogenic secondary organic aerosol[J]. Journal of Geophysical Research-Atmospheres, 2010, 115: D09202.

[86] HODZIC A, JIMENEZ J L, MADRONICH S, et al. Modeling organic aerosols

in a megacity: Potential contribution of semi-volatile and intermediate volatility primary organic compounds to secondary organic aerosol formation [J]. Atmospheric Chemistry and Physics, 2010, 10(12): 5491-5514.

[87] DONAHUE N M, EPSTEIN S A, PANDIS S N, ROBINSON A L. A two-dimensional volatility basis set: 1. Organic-aerosol mixing thermodynamics[J]. Atmospheric Chemistry and Physics, 2011, 11(7): 3303-3318.

[88] DONAHUE N M, KROLL J H, PANDIS S N, ROBINSON A L. A two-dimensional volatility basis set: Part 2. Diagnostics of organic-aerosol evolution [J]. Atmospheric Chemistry and Physics, 2012, 12(2): 615-634.

[89] PANKOW J F, BARSANTI K C. The carbon number-polarity grid: A means to manage the complexity of the mix of organic compounds when modeling atmospheric organic particulate matter[J]. Atmospheric Environment, 2009, 43(17): 2829-2835.

[90] KROLL J H, DONAHUE N M, JIMENEZ J L, et al. Carbon oxidation state as a metric for describing the chemistry of atmospheric organic aerosol[J]. Nature Chemistry, 2011, 3(2): 133-139.

[91] CAPPA C D, WILSON K R. Multi-generation gas-phase oxidation, equilibrium partitioning, and the formation and evolution of secondary organic aerosol[J]. Atmospheric Chemistry and Physics, 2012, 12(20): 9505-9528.

[92] ZHANG X, SEINFELD J H. A functional group oxidation model (FGOM) for SOA formation and aging [J]. Atmospheric Chemistry and Physics, 2013, 13(12): 5907-5926.

[93] ZHANG X, CAPPA C D, JATHAR S H, et al. Influence of vapor wall loss in laboratory chambers on yields of secondary organic aerosol[J]. Proceedings of the National Academy of Sciences of the United States of America, 2014, 111(16): 5802-5807.

[94] CHEN S, BRUNE W H, LAMBE A T, et al. Modeling organic aerosol from the oxidation of alpha-pinene in a Potential Aerosol Mass (PAM) chamber [J]. Atmospheric Chemistry and Physics, 2013, 13(9): 5017-5031.

[95] CHACON-MADRID H J, MURPHY B N, PANDIS S N, DONAHUE N M. Simulations of smog-chamber experiments using the two-dimensional volatility basis set: Linear Oxygenated Precursors [J]. Environmental Science & Technology, 2012, 46(20): 11179-11186.

[96] MURPHY B N, DONAHUE N M, FOUNTOUKIS C, et al. Functionalization and fragmentation during ambient organic aerosol aging: Application of the 2D volatility basis set to field studies [J]. Atmospheric Chemistry and Physics, 2012, 12(22): 10797-10816.

[97] MURPHY B N, DONAHUE N M, FOUNTOUKIS C, PANDIS S N. Simulating the oxygen content of ambient organic aerosol with the 2D volatility basis set[J]. Atmospheric Chemistry and Physics, 2011, 11(15): 7859-7873.

[98] GRIESHOP A P, LOGUE J M, DONAHUE N M, ROBINSON A L. Laboratory investigation of photochemical oxidation of organic aerosol from wood fires: 1. Measurement and simulation of organic aerosol evolution [J]. Atmospheric Chemistry and Physics, 2009, 9(4): 1263-1277.

[99] RUSSELL A, MILFORD J, BERGIN M S, et al. Urban ozone control and atmospheric reactivity of organic gases[J]. Science, 1995, 269(5223): 491-495.

[100] STREETS D G, FU J S, JANG C J, et al. Air quality during the 2008 Beijing Olympic Games[J]. Atmospheric Environment, 2007, 41(3): 480-492.

[101] HWANG J T, DOUGHERTY E P, RABITZ S, RABITZ H. Greens function method of sensitivity analysis in chemical-kinetics [J]. Journal of Chemical Physics, 1978, 69(11): 5180-5191.

[102] CARMICHAEL G R, SANDU A, POTRA F A. Sensitivity analysis for atmospheric chemistry models via automatic differentiation[J]. Atmospheric Environment, 1997, 31(3): 475-489.

[103] DICKERSON R R, STEDMAN D H, DELANY A C. Direct measurements of ozone and nitrogen-dioxide photolysis rates in the troposphere[J]. Journal of Geophysical Research-Oceans and Atmospheres, 1982, 87(Nc7): 4933-4946.

[104] DUNKER A M. The decoupled direct method for calculating sensitivity coefficients in chemical-kinetics[J]. Journal of Chemical Physics, 1984, 81(5): 2385-2393.

[105] YANG Y J, WILKINSON J G, RUSSELL A G. Fast, direct sensitivity analysis of multidimensional photochemical models[J]. Environmental Science & Technology, 1997, 31(10): 2859-2868.

[106] SANDU A, DAESCU D N, CARMICHAEL G R, CHAI T F. Adjoint sensitivity analysis of regional air quality models[J]. Journal of Computational Physics, 2005, 204(1): 222-252.

[107] HAKAMI A, SEINFELD J H, CHAI T F, et al. Adjoint sensitivity analysis of ozone nonattainment over the continental United States [J]. Environmental Science & Technology, 2006, 40(12): 3855-3864.

[108] HAKAMI A, ODMAN M T, RUSSELL A G. High-order, direct sensitivity analysis of multidimensional air quality models[J]. Environmental Science & Technology, 2003, 37(11): 2442-2452.

[109] ZHANG W, CAPPS S L, HU Y, et al. Development of the high-order decoupled direct method in three dimensions for particulate matter: Enabling

advanced sensitivity analysis in air quality models[J]. Geoscientific Model Development, 2012, 5(2): 355-368.

[110] SANDU A, ZHANG L. Discrete second order adjoints in atmospheric chemical transport modeling[J]. Journal of Computational Physics, 2008, 227(12): 5949-5983.

[111] YARWOOD G, EMERY C, JUNG J, et al. A method to represent ozone response to large changes in precursor emissions using high-order sensitivity analysis in photochemical models[J]. Geoscientific Model Development, 2013, 6(5): 1601-1608.

[112] ZHAO B, WANG S X, LIU H, et al. NO_x emissions in China: Historical trends and future perspectives[J]. Atmospheric Chemistry and Physics, 2013, 13(19): 9869-9897.

[113] WANG S X, ZHAO B, CAI S Y, et al. Emission trends and mitigation options for air pollutants in East Asia[J]. Atmospheric Chemistry and Physics Discussions, 2014, 14: 2601-2674.

[114] SIMON H, BAKER K R, AKHTAR F, et al. A direct sensitivity approach to predict hourly ozone resulting from compliance with the National Ambient Air Quality Standard[J]. Environmental Science & Technology, 2013, 47(5): 2304-2313.

[115] MILFORD J B, RUSSELL A G, MCRAE G J. A new approach to photochemical pollution-control: Implications of spatial patterns in pollutant responses to reductions in nitrogen oxides and reactive organic gas emissions[J]. Environmental Science & Technology, 1989, 23(10): 1290-1301.

[116] FU J S, BRILL E D, RANJITHAN S R. Conjunctive use of models to design cost-effective ozone control strategies[J]. Journal of the Air & Waste Management Association, 2006, 56(6): 800-809.

[117] HEYES C, SCHOPP W, AMANN M, UNGER S. A reduceD-form model to predict long-term ozone concentrations in Europe[R/OL]. 1996 [2015-03-01]. http://www.iiasa.ac.at/~rains/reports/wp9612.pdf.

[118] WANG L H, MILFORD J B. Reliability of optimal control strategies for photochemical air pollution[J]. Environmental Science & Technology, 2001, 35(6): 1173-1180.

[119] AMANN M, COFALA J, GZELLA A, et al. Estimating concentrations of fine particulate matter in urban background air of European cities[R/OL]. 2007 [2015-03-01]. http://webarchive.iiasa.ac.at/Admin/PUB/Documents/IR-07-001.pdf.

[120] CARNEVALE C, FINZI G, PISONI E, VOLTA M. Neuro-fuzzy and neural network systems for air quality control[J]. Atmospheric Environment, 2009, 43(31): 4811-4821.

[121] BARAZZETTA S, CORANI G, GUARISO G. A neural emission-receptor model for ozone reduction planning[J]. Proc IEMSs 2002, 2002, 2: 130-135.

[122] RYOKE M, NAKAMORI Y, HEYES C, et al. A simplified ozone model based on fuzzy rules generation[J]. European Journal of Operational Research, 2000, 122(2): 440-451.

[123] FOLEY K M, NAPELENOK S L, JANG C, et al. Two reduced form air quality modeling techniques for rapidly calculating pollutant mitigation potential across many sources, locations and precursor emission types[J]. Atmospheric Environment, 2014, 98: 283-289.

[124] U. S. Environmental Protection Agency. Technical support document for the proposed mobile source air toxics rule: Ozone modeling[R/OL]. 2006 [2015-02-01]. http://www. epa. gov/scram001/reports/EPA-454-R-07-003. pdf.

[125] U. S. Environmental Protection Agency. Technical support document for the proposed PM NAAQS rule: Response Surface Modeling[R/OL]. 2006 [2015-02-01]. http://www. epa. gov/scram001/reports/pmnaaqs _ tsd _ rsm _ all _ 021606. pdf.

[126] XING J, WANG S X, JANG C, et al. Nonlinear response of ozone to precursor emission changes in China: A modeling study using response surface methodology [J]. Atmospheric Chemistry and Physics, 2011, 11 (10): 5027-5044.

[127] ZHAO B, WANG S X, XING J, et al. Assessing the nonlinear response of fine particles to precursor emissions: Development and application of an Extended Response Surface Modeling technique (ERSM v1. 0)[J]. Geoscientific Model Development, 2015, 8(1): 115-128.

[128] ROLDIN P, SWIETLICKI E, SCHURGERS G, et al. Development and evaluation of the aerosol dynamics and gas phase chemistry model ADCHEM [J]. Atmospheric Chemistry and Physics, 2011, 11(12): 5867-5896.

[129] WEI W, WANG S X, HAO J M, CHENG S Y. Trends of chemical speciation profiles of anthropogenic volatile organic compounds emissions in China, 2005—2020[J]. Frontiers of Environmental Science & Engineering, 2014, 8 (1): 27-41.

[130] 吴文景. 中国挥发性有机物的臭氧和二次有机气溶胶生成潜势[D]. 北京: 清华大学, 2014.

[131] GUENTHER A B, JIANG X, HEALD C L, et al. The Model of Emissions of Gases and Aerosols from Nature version 2. 1 (MEGAN2. 1): An extended and updated framework for modeling biogenic emissions[J]. Geoscientific Model Development, 2012, 5(6): 1471-1492.

[132] HILDEBRANDT R L, PACIGA A, CERULLY K, et al. Aging of secondary organic aerosol from small aromatic VOCs: Changes in chemical composition, mass yield, volatility and hygroscopicity [J]. Atmospheric Chemistry and Physics Discussions, 2014, 14: 31441-31481.

[133] NG N L, KROLL J H, CHAN A W H, et al. Secondary organic aerosol formation from m-xylene, toluene, and benzene[J]. Atmospheric Chemistry and Physics, 2007, 7(14): 3909-3922.

[134] ZIEMANN P J, ATKINSON R. Kinetics, products, and mechanisms of secondary organic aerosol formation[J]. Chemical Society Reviews, 2012, 41(19): 6582-6605.

[135] BIRDSALL A W, ELROD M J. Comprehensive NO-dependent study of the products of the oxidation of atmospherically relevant aromatic compounds[J]. Journal of Physical Chemistry A, 2011, 115(21): 5397-5407.

[136] NISHINO N, AREY J, ATKINSON R. Formation yields of glyoxal and methylglyoxal from the gas-phase OH radical-initiated reactions of toluene, xylenes, and trimethylbenzenes as a function of NO_2 concentration[J]. Journal of Physical Chemistry A, 2010, 114(37): 10140-10147.

[137] AREY J, OBERMEYER G, ASCHMANN S M, et al. Dicarbonyl products of the OH radical-initiated reaction of a series of aromatic hydrocarbons [J]. Environmental Science & Technology, 2009, 43(3): 683-689.

[138] TUAZON E C, MACLEOD H, ATKINSON R, CARTER W P L. Alpha-dicarbonyl yields from the NO_x-Air photooxidations of a series of aromatic-hydrocarbons in air[J]. Environmental Science & Technology, 1986, 20(4): 383-387.

[139] PANKOW J F, ASHER W E. SIMPOL: 1. A simple group contribution method for predicting vapor pressures and enthalpies of vaporization of multifunctional organic compounds[J]. Atmospheric Chemistry and Physics, 2008, 8(10): 2773-2796.

[140] MYRDAL P B, YALKOWSKY S H. Estimating pure component vapor pressures of complex organic molecules[J]. Industrial & Engineering Chemistry Research, 1997, 36(6): 2494-2499.

[141] NANNOOLAL Y, RAREY J, RAMJUGERNATH D. Estimation of pure component properties: Part 3. Estimation of the vapor pressure of non-

electrolyte organic compounds via group contributions and group interactions [J]. Fluid Phase Equilibria, 2008, 269(1-2): 117-133.

[142] HALLQUIST M, WENGER J C, BALTENSPERGER U, et al. The formation, properties and impact of secondary organic aerosol: Current and emerging issues [J]. Atmospheric Chemistry and Physics, 2009, 9 (14): 5155-5236.

[143] NG N L, CHHABRA P S, CHAN A W H, et al. Effect of NO_x level on secondary organic aerosol (SOA) formation from the photooxidation of terpenes [J]. Atmospheric Chemistry and Physics, 2007, 7(19): 5159-5174.

[144] HILDEBRANDT L, DONAHUE N M, PANDIS S N. High formation of secondary organic aerosol from the photo-oxidation of toluene[J]. Atmospheric Chemistry and Physics, 2009, 9(9): 2973-2986.

[145] GORDON T D, PRESTO A A, MAY A A, et al. Secondary organic aerosol formation exceeds primary particulate matter emissions for light-duty gasoline vehicles[J]. Atmospheric Chemistry and Physics, 2014, 14(9): 4661-4678.

[146] GORDON T D, PRESTO A A, NGUYEN N T, et al. Secondary organic aerosol production from diesel vehicle exhaust: Impact of aftertreatment, fuel chemistry and driving cycle[J]. Atmospheric Chemistry and Physics, 2014, 14(9): 4643-4659.

[147] HENNIGAN C J, MIRACOLO M A, ENGELHART G J, et al. Chemical and physical transformations of organic aerosol from the photo-oxidation of open biomass burning emissions in an environmental chamber [J]. Atmospheric Chemistry and Physics, 2011, 11(15): 7669-7686.

[148] MAY A A, LEVIN E J T, HENNIGAN C J, et al. Gas-particle partitioning of primary organic aerosol emissions: 3. Biomass burning [J]. Journal of Geophysical Research-Atmospheres, 2013, 118(19): 11327-11338.

[149] MAY A A, PRESTO A A, HENNIGAN C J, et al. Gas-particle partitioning of primary organic aerosol emissions: (1) Gasoline vehicle exhaust [J]. Atmospheric Environment, 2013, 77: 128-139.

[150] MAY A A, PRESTO A A, HENNIGAN C J, et al. Gas-particle partitioning of primary organic aerosol emissions: (2) Diesel vehicles [J]. Environmental Science & Technology, 2013, 47(15): 8288-8296.

[151] AIKEN A C, DECARLO P F, KROLL J H, et al. O/C and OM/OC ratios of primary, secondary, and ambient organic aerosols with high-resolution time-of-flight aerosol mass spectrometry[J]. Environmental Science & Technology, 2008, 42(12): 4478-4485.

[152] NG N L，CANAGARATNA M R，ZHANG Q，et al. Organic aerosol components observed in Northern Hemispheric datasets from Aerosol Mass Spectrometry[J]. Atmospheric Chemistry and Physics，2010，10（10）：4625-4641.

[153] HUANG X F，HE L Y，XUE L，et al. Highly time-resolved chemical characterization of atmospheric fine particles during 2010 Shanghai World Expo [J]. Atmospheric Chemistry and Physics，2012，12(11)：4897-4907.

[154] HUANG X F，XUE L，TIAN X D，et al. Highly time-resolved carbonaceous aerosol characterization in Yangtze River Delta of China：Composition，mixing state and secondary formation[J]. Atmospheric Environment，2013，64：200-207.

[155] GONG Z H，LAN Z J，XUE L，et al. Characterization of submicron aerosols in the urban outflow of the central Pearl River Delta region of China[J]. Frontiers of Environmental Science & Engineering，2012，6(5)：725-733.

[156] HU W W，HU M，YUAN B，et al. Insights on organic aerosol aging and the influence of coal combustion at a regional receptor site of central eastern China [J]. Atmospheric Chemistry and Physics，2013，13(19)：10095-10112.

[157] 宫照恒，薛莲，孙天乐，等. 基于高分辨质谱在线观测的 2011 深圳大运会前后 PM1 化学组成与粒径分布[J]. 中国科学：化学，2013，43(3)：363-372.

[158] HUFFMAN J A，DOCHERTY K S，MOHR C，et al. Chemically-resolved volatility measurements of organic aerosol from different sources [J]. Environmental Science & Technology，2009，43(14)：5351-5357.

[159] CHEN Q，LIU Y J，DONAHUE N M，et al. Particle-phase chemistry of secondary organic material：Modeled compared to measured O：C and H：C elemental ratios provide constraints[J]. Environmental Science & Technology，2011，45(11)：4763-4770.

[160] ROBINSON E S，SALEH R，DONAHUE N M. Organic aerosol mixing observed by single-particle mass spectrometry[J]. Journal of Physical Chemistry A，2013，117(51)：13935-13945.

[161] HILDEBRANDT L，HENRY K M，KROLL J H，et al. Evaluating the mixing of organic aerosol components using high-resolution aerosol mass spectrometry [J]. Environmental Science & Technology，2011，45(15)：6329-6335.

[162] ZHANG Q，STREETS D G，CARMICHAEL G R，et al. Asian emissions in 2006 for the NASA INTEX-B mission[J]. Atmospheric Chemistry and Physics，2009，9(14)：5131-5153.

[163] 国家统计局. 中国工业经济统计年鉴 2011[M]. 北京：中国统计出版社，2011.

[164]　国家统计局. 中国统计年鉴 2011[M]. 北京：中国统计出版社，2011.

[165]　国家统计局. 中国能源统计年鉴 2011[M]. 北京：中国统计出版社，2011.

[166]　中国汽车工业协会. 中国汽车工业年鉴 2011[M]. 北京：《中国汽车工业年鉴》期刊社，2011.

[167]　中国电力企业联合会. 中国电力行业年度发展报告 2011[M]. 北京：中国电力出版社，2011.

[168]　国家发展和改革委员会能源研究所课题组. 中国 2050 年低碳发展之路：能源需求暨碳排放情景分析[M]. 北京：科学出版社，2009.

[169]　国家发展和改革委员会能源研究所. 能效及可再生能源项目融资指导手册[M]. 北京：中国环境科学出版社，2010.

[170]　清华大学建筑节能研究中心. 中国建筑节能年度发展研究报告[M]. 北京：中国建筑工业出版社，2009.

[171]　王庆一. 中国可持续能源项目 2010 年能源数据[G]. 北京：2011.

[172]　ZHAO Y，WANG S X，DUAN L，et al. Primary air pollutant emissions of coal-fired power plants in China：Current status and future prediction[J]. Atmospheric Environment，2008，42(36)：8442-8452.

[173]　ZHAO Y，WANG S X，NIELSEN C P，et al. Establishment of a database of emission factors for atmospheric pollutants from Chinese coal-fired power plants [J]. Atmospheric Environment，2010，44(12)：1515-1523.

[174]　LEI Y，ZHANG Q A，NIELSEN C，HE K B. An inventory of primary air pollutants and CO_2 emissions from cement production in China，1990—2020[J]. Atmospheric Environment，2011，45(1)：147-154.

[175]　雷宇. 中国人为源颗粒物及关键化学组分的排放与控制研究[D]. 北京：清华大学，2008.

[176]　李兴华. 典型燃烧源大气污染物排放特征研究[Z]. 北京：清华大学，2010.

[177]　湖南省环境科学研究院. 陶瓷工业污染物排放标准（征求意见稿）编制说明 [EB/OL]. 2008[2014-12-01]. http://www. zhb. gov. cn/info/gw/bgth/200801/ t20080129_117766. htm.

[178]　青岛科技大学. 硝酸工业污染物排放标准（征求意见稿）编制说明[EB/OL]. 2008 [2014-12-01]. http://www. zhb. gov. cn/info/bgw/bbgth/200901/t2009 0121_133747. htm.

[179]　中国环境科学研究院，蚌埠玻璃工业设计研究院.《平板玻璃工业大气污染物排放标准》(二次征求意见稿)编制说明[EB/OL]. 2010 [2014-12-01]. http:// www. mep. gov. cn/gkml/hbb/bgth/201002/t20100201_185227. htm.

[180]　LI X H，DUAN L，WANG S X，et al. Emission characteristics of particulate

matter from rural household biofuel combustion in China[J]. Energy & Fuels, 2007, 21(2): 845-851.

[181] LI X H, WANG S X, DUAN L, et al. Carbonaceous aerosol emissions from household biofuel combustion in China [J]. Environmental Science & Technology, 2009, 43(15): 6076-6081.

[182] WANG S X, WEI W, DU L, et al. Characteristics of gaseous pollutants from biofuel-stoves in rural China[J]. Atmospheric Environment, 2009, 43(27): 4148-4154.

[183] HUO H, YAO Z L, ZHANG Y Z, et al. On-board measurements of emissions from light-duty gasoline vehicles in three mega-cities of China[J]. Atmospheric Environment, 2012, 49: 371-377.

[184] HUO H, YAO Z L, ZHANG Y Z, et al. On-board measurements of emissions from diesel trucks in five cities in China[J]. Atmospheric Environment, 2012, 54: 159-167.

[185] YAO Z L, HUO H, ZHANG Q, et al. Gaseous and particulate emissions from rural vehicles in China [J]. Atmospheric Environment, 2011, 45 (18): 3055-3061.

[186] LI X H, WANG S X, DUAN L, et al. Particulate and trace gas emissions from open burning of wheat straw and corn stover in China [J]. Environmental Science & Technology, 2007, 41(17): 6052-6058.

[187] LI X H, WANG S X, DUAN L, HAO J M. Characterization of non-methane hydrocarbons emitted from open burning of wheat straw and corn stover in China[J]. Environmental Research Letters, 2009, 4: 044015.

[188] WEI W, WANG S X, CHATANI S, et al. Emission and speciation of non-methane volatile organic compounds from anthropogenic sources in China[J]. Atmospheric Environment, 2008, 42: 4976-4988.

[189] FU X, WANG S X, ZHAO B, et al. Emission inventory of primary pollutants and chemical speciation in 2010 for the Yangtze River Delta region, China[J]. Atmospheric Environment, 2013, 70: 39-50.

[190] DONG W X, XING J, WANG S X. Temporal and spatial distribution of anthropogenic ammonia emissions in China: 1994—2006 [J]. Environmental Science, 2010, 31: 1457-1463.

[191] HUANG X, SONG Y, LI M M, et al. A high-resolution ammonia emission inventory in China[J]. Global Biogeochemical Cycles, 2012, 26: GB1030.

[192] FU X, WANG S X, RAN L, et al. Estimating NH₃ emissions from agricultural fertilizer application in China using the bi-directional CMAQ model coupled to an

agro-ecosystem model[J]. Atmospheric Chemistry and Physics Discussions, 2015, 15: 745-778.

[193] SIMON H, BHAVE P V. Simulating the degree of oxidation in atmospheric organic particles[J]. Environmental Science & Technology, 2012, 46 (1): 331-339.

[194] ZHAO B, WANG S X, DONG X Y, et al. Environmental effects of the recent emission changes in China: Implications for particulate matter pollution and soil acidification[J]. Environmental Research Letters, 2013, 8(2): 024031.

[195] WANG L T, WEI Z, YANG J, et al. The 2013 severe haze over the southern Hebei, China: Model evaluation, source apportionment, and policy implications [J]. Atmospheric Chemistry and Physics Discussions, 2013, 13 (11): 28395-28451.

[196] WANG J D, WANG S X, JIANG J K, et al. Impact of aerosol-meteorology interactions on fine particle pollution during China's severe haze episode in January 2013[J]. Environmental Research Letters, 2014, 9: 094002.

[197] HUANG R J, ZHANG Y L, BOZZETTI C, et al. High secondary aerosol contribution to particulate pollution during haze events in China[J]. Nature, 2014, 514(7521): 218-222.

[198] WANG Z F, LI J, WANG Z, et al. Modeling study of regional severe hazes over miD -eastern China in January 2013 and its implications on pollution prevention and control[J]. Science China-Earth Sciences, 2014, 57(1): 3-13.

[199] ZHANG Y, WEN X Y, JANG C J. Simulating chemistry-aerosol-clouD -radiation-climate feedbacks over the continental US using the online-coupled Weather Research Forecasting Model with chemistry (WRF/Chem)[J]. Atmospheric Environment, 2010, 44(29): 3568-3582.

[200] CHENG Z, WANG S, FU X, et al. Impact of biomass burning on haze pollution in the Yangtze River delta, China: A case study in summer 2011[J]. Atmospheric Chemistry and Physics, 2014, 14(9): 4573-4585.

[201] BO Y, CAI H, XIE S D. Spatial and temporal variation of historical anthropogenic NMVOCs emission inventories in China [J]. Atmospheric Chemistry and Physics, 2008, 8: 7297-7316.

[202] WANG S X, ZHAO B, CAI S Y, et al. Emission trends and mitigation options for air pollutants in East Asia[J]. Atmospheric Chemistry and Physics, 2014, 14(13): 6571-6603.

[203] ZHAO Y, NIELSEN C P, LEI Y, et al. Quantifying the uncertainties of a bottom-up emission inventory of anthropogenic atmospheric pollutants in China

[J]. Atmospheric Chemistry and Physics, 2011, 11(5): 2295-2308.

[204] GRIESHOP A P, MIRACOLO M A, DONAHUE N M, ROBINSON A L. Constraining the volatility distribution and gas-particle partitioning of combustion aerosols using isothermal dilution and thermodenuder measurements [J]. Environmental Science & Technology, 2009, 43(13): 4750-4756.

[205] FUJITANI Y, SAITOH K, FUSHIMI A, et al. Effect of isothermal dilution on emission factors of organic carbon and n-alkanes in the particle and gas phases of diesel exhaust[J]. Atmospheric Environment, 2012, 59: 389-397.

[206] LIPSKY E M, ROBINSON A L. Effects of dilution on fine particle mass and partitioning of semivolatile organics in diesel exhaust and wood smoke [J]. Environmental Science & Technology, 2006, 40(1): 155-162.

[207] IMAN R L, DAVENPORT J M, ZEIGLER D K. Latin hypercube sampling (Program user's guide) [Z]. Albuquerque, NM, U. S.: Sandia National Laboratories, 1980.

[208] BOYLAN J W, RUSSELL A G. PM and light extinction model performance metrics, goals, and criteria for three-dimensional air quality models [J]. Atmospheric Environment, 2006, 40: 4946-4959.

[209] XAUSA F. Impact of ammonia emissions on fine particle pollution in China[D]. 北京: 清华大学, 2014.

[210] 汪俊. 长三角地区多部门多种大气污染物协同减排方案研究[D]. 北京: 清华大学, 2014.

[211] EMERY C, TAI E, YARWOOD G. Enhanced meteorological modeling and performance evaluation for two texas episodes. Report to the Texas Natural Resources Conservation Commission [R/OL]. 2001 [2015-03-01]. http://www. tceq. state. tx. us/assets/public/implementation/air/am/contracts/reports/mm/EnhancedMetModelingAndPerformanceEvaluation. pdf.

[212] HAN Z W, UEDA H, AN J L. Evaluation and intercomparison of meteorological predictions by five MM5-PBL parameterizations in combination with three lanD-surface models[J]. Atmospheric Environment, 2008, 42(2): 233-249.

附录 A 气象参数模拟结果的校验

在本研究中,我们将 WRFv3.3 模拟的 2010 年 1 月、5 月、8 月、11 月的气象参数与美国气候数据中心(National Climatic Data Center,NCDC)的观测数据进行了对比。NCDC 提供了模拟域内 383 个站点每小时或每 3 小时的气象观测数据。比对的气象参数包括距地面 2m 处气温、10m 处风速和风向以及 2m 处湿度。用于评估模拟结果的统计指标包括平均观测值、平均模拟值、平均偏差、总误差(gross error,GE)、均方根误差(root mean square error,RMSE)和一致性指数(index of agreement,IOA)。这些指标的定义详见 Emery 等人[211]。

表 A-1 给出了气象参数模拟值与观测值比对的统计指标,同时给出了 Emery 等人[211] 建议的参考值。这一组参考值是根据一系列在美国区域(分辨率一般为 12km 或 4km)采用 MM5(Fifth-Generation NCAR/Penn State Mesoscale Model)模式的模拟研究归纳得到的,已被众多区域空气质量模拟研究采用。对于距地面 10m 处风速,4 个月的 GE、RMSE 和 IOA 都在参考值的范围内。1 月、8 月和 11 月的平均偏差也在参考值的范围内,只有 5 月的平均偏差略大于参考值。考虑到 12km 或更细网格的气象模拟结果一般比本研究采用的 36km 网格更准确,我们认为这一偏差是可以接受的。距地面 10m 处风向、2m 处气温和 2m 处湿度的模拟结果很好,所有统计指标均明显好于参考值。上述验证结果表明,WRFv3.3 模拟的气象参数与观测数据总体吻合良好。

表 A-1　气象参数模拟值与观测值比对的统计指标

气象参数	统计指标	1 月	5 月	8 月	11 月	参考值
10m 处风速	平均观测值/(m·s^{-1})	2.79	2.85	2.43	2.57	
	平均模拟值/(m·s^{-1})	3.27	3.42	2.76	3.01	
	平均偏差/(m·s^{-1})	0.48	0.57	0.34	0.44	≤±0.5
	GE/(m·s^{-1})	1.33	1.36	1.13	1.20	≤2
	RMSE/(m·s^{-1})	1.84	1.82	1.51	1.63	≤2
	IOA	0.75	0.76	0.75	0.80	≥0.6

续表

气象参数	统计指标	1 月	5 月	8 月	11 月	参考值
10m 处风向	平均观测值/(°)	171.6	164.7	126.1	158.6	
	平均模拟值/(°)	141.5	151.0	133.8	171.4	
	平均偏差/(°)	2.3	3.0	1.2	1.6	$-10\sim10$
2m 处气温	平均观测值/K	276.3	294.0	299.8	284.4	
	平均模拟值/K	276.5	293.9	299.7	284.4	
	平均偏差/K	0.15	-0.07	-0.04	0.06	$-0.5\sim0.5$
	GE/K	1.30	1.32	1.31	1.29	$\leqslant2$
	RMSE/K	1.78	1.85	1.83	1.75	
	IOA	0.99	0.97	0.96	0.99	$\geqslant0.8$
2m 处湿度	平均观测值/(g·kg^{-1})	4.65	11.78	17.26	6.23	
	平均模拟值/(g·kg^{-1})	4.95	11.77	17.22	6.36	
	平均偏差/(g·kg^{-1})	0.30	-0.01	-0.04	0.13	$-1\sim1$
	GE/(g·kg^{-1})	0.66	1.25	1.65	0.95	$\leqslant2$
	RMSE/(g·kg^{-1})	0.94	1.65	2.16	1.27	
	IOA	0.98	0.97	0.94	0.96	$\geqslant0.6$

附录 B O₃模拟结果的校验

O₃是反映大气氧化性的重要污染物,对 SOA 的生成有重要作用。因此,本研究将 O₃的模拟结果与清华大学[9]在长三角地区观测的逐时 O₃浓度进行了对比。根据数据的可得性,对比的站点包括上海浦东站、上海环科院站和南京站,对比的时段与 3.2.2 节一致,具体包括 2011 年 5 月 20 日—6 月 30 日、2011 年 7 月 20 日—8 月 20 日、2011 年 11 月 7 日—11 月 30 日以及 2011 年 12 月 20 日—12 月 31 日 4 个时段。图 B.1 给出了 O₃浓度的对比结果,图中还标出了各时段模拟值相对于观测值的 NMB。由于 CMAQ v5.0.1 以及三种 CMAQ/2D-VBS 配置的模拟结果十分接近,图中仅给出了 CMAQ v5.0.1 的模拟结果。

从图 B.1 中可以看出,模型可以较好地模拟出 O₃浓度的时间变化趋

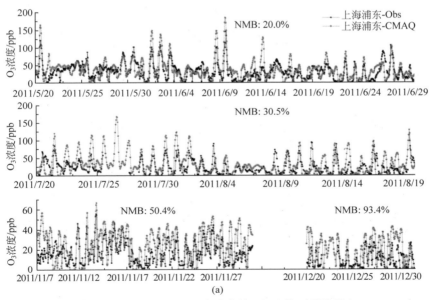

图 B.1 不同时段(a)上海浦东站、(b)上海环科院站和
(c)南京站 O₃模拟结果与观测数据的对比

图中标出了各时段模拟值相对于观测值的 NMB,Obs 表示观测值,CMAQ 表示 CMAQ v5.0.1 的模拟结果。

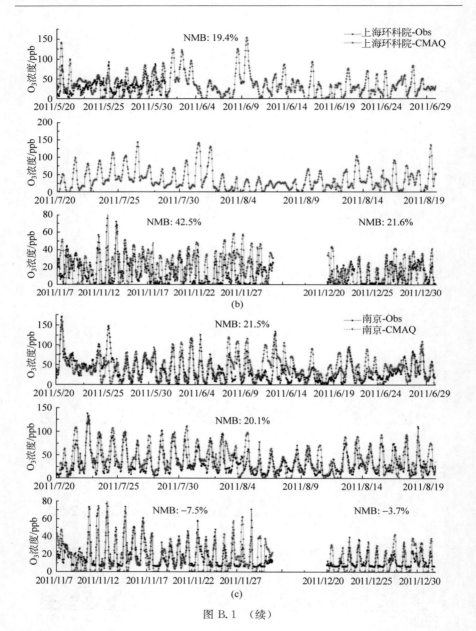

图 B.1　（续）

势，各站点、各时段的相关系数在 0.53～0.73 之间。在春夏季，各站点的 O_3 浓度模拟值均与观测值吻合良好，NMB 的绝对值均在 30% 以内。在秋冬季，不同站点的模拟结果有所差异。在秋冬季的南京站和冬季的上海环科院站,模拟值与观测值吻合良好,NMB 的绝对值在 22％以内;而在秋冬季的上海浦东站和秋季的上海环科院站,模型则高估了实测的 O_3 浓度,高估幅度为 43％~93％。此前研究[196]表明,CMAQ 模型高估了冬季的地表辐射强度,这可能是导致秋冬季部分站点 O_3 浓度高估的原因。此外,本节比对的观测站点均位于城区,存在较强烈的"滴定效应",即污染源排放的 NO 可快速消耗臭氧;36km 的网格难以准确模拟观测站点附近的排放源强度,这也可能是导致 O_3 浓度误差的原因之一。

附录 C PM$_{2.5}$浓度日内变化的校验

正文 3.2.2 节将离线观测的 PM$_{2.5}$及其组分的日均浓度与模拟结果进行了对比。除此之外,清华大学[9]还在线观测了逐时的 PM$_{2.5}$浓度。利用这部分数据,我们对模型模拟的 PM$_{2.5}$浓度日内变化趋势进行了校验,如图C.1 所示。对比的站点和时段均与 3.2.2 节一致,图 C.1 中给出的是 2011年 5 月 20 日—6 月 30 日、2011 年 7 月 20 日—8 月 20 日、2011 年 11 月 7日—11 月 30 日以及 2011 年 12 月 20 日—12 月 31 日 4 个时段平均的PM$_{2.5}$小时浓度。

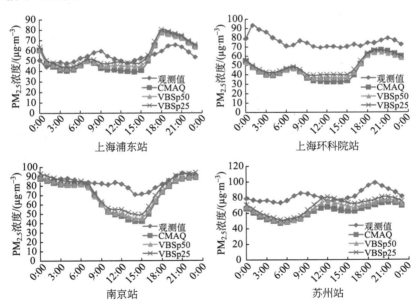

图 C.1 研究时段内 PM$_{2.5}$平均小时浓度的模拟值与观测值的对比

PM$_{2.5}$日内变化趋势是边界层高度、光化学反应等因素共同作用的结果。早上天亮后,光化学反应开始发生,PM$_{2.5}$浓度升高,一般到 8:00～9:00 达到峰值;随后,由于气温升高,边界层高度增大,PM$_{2.5}$浓度开始下降;午后,光化学反应依然活跃,而边界层高度不再升高并随后开始下降,

$PM_{2.5}$浓度又呈现上升趋势,到夜间 19:00～21:00 达到峰值;此后,由于大气扩散作用,$PM_{2.5}$浓度又开始下降。默认的 CMAQ v5.0.1 可以总体上模拟出上述变化规律,但模拟的昼夜浓度差比观测结果明显偏大,即对白天的$PM_{2.5}$浓度明显低估,对夜间的 $PM_{2.5}$浓度低估较少或略有高估。此前研究[196,212]表明,WRF 对夜间的边界层高度低估而对白天的边界层高度高估,这是导致上述日内变化趋势模拟误差的重要原因;此外,模型对光化学反应的模拟误差,特别是对 SOA 生成的低估,也是导致上述误差的原因之一。CMAQ/2D-VBS(特别是 VBSp25)模拟的光化学反应生成的 SOA 明显高于 CMAQ v5.0.1,因而在一定程度上改善了白天 $PM_{2.5}$浓度低估的问题,也即在一定程度上改善了 $PM_{2.5}$浓度日内变化趋势的模拟结果。在未来研究中,应改善边界层高度的模拟方法,以期进一步改进 $PM_{2.5}$日内变化趋势的模拟效果。例如,已有研究[196]表明,考虑气溶胶的直接效应,可使白天边界层高度的模拟值降低,从而使模型模拟的 $PM_{2.5}$浓度日内变化趋势与观测结果更为接近。

附录 D　ERSM 建模过程中
两个假设的合理性论证

1. 式(4-6)与式(4-7)之间假设的合理性

首先简要回顾假设的内容:因某区域前体物浓度的变化引发的该区域 PM$_{2.5}$浓度的变化(即式(4-1)),可全部归因于该区域内化学生成的变化。严格地说,区域 A 前体物浓度的变化可以影响到其他区域的前体物浓度和 PM$_{2.5}$浓度,而这又会反过来影响区域 A 的 PM$_{2.5}$浓度;然而,本研究假设这一"间接"过程是可以忽略的。

为证明这一假设的合理性,下面尝试在长三角地区估算上述"间接"过程对总 PM$_{2.5}$浓度变化量的贡献。估算分 4 步,下文中的排放/浓度值均指 2010 年 1 月和 8 月的平均值。

第一,假设上海的 NO$_x$、SO$_2$ 和 NH$_3$ 的浓度均削减 50%,基于式(4-2)和式(4-3),这一假设相当于上海 NO$_x$、SO$_2$ 和 NH$_3$ 的排放量分别削减了 55%、62% 和 53%。

第二,估算通过前体物的跨界传输可以对其他区域的前体物浓度产生的影响(以江苏为例)。利用式(4-5)和式(4-6)估算得到,上海的上述污染物减排量,可使得江苏 NO$_x$、SO$_2$ 和 NH$_3$的浓度分别减少 3.0%、1.4% 和 0.1%。

第三,量化上海与江苏之间的前体物传输可以反过来对上海的 PM$_{2.5}$浓度产生的影响。江苏前体物浓度的降低可以认为等同于江苏前体物排放量一定程度上的削减。根据式(4-2)和式(4-3),可以估算得到这一"等效的"江苏 NO$_x$、SO$_2$ 和 NH$_3$ 的减排量分别是 3.3%、1.7% 和 0.1%。根据式(4-4),江苏的这一减排可以反过来使上海的 PM$_{2.5}$浓度降低 0.01μg/m^3。

第四,将上海与其他各个区域之间前体物传输的效果叠加起来。与江苏类似,可以估算得到浙江和其他区域(简称"其他")前体物浓度的降低可以分别反过来使上海的 PM$_{2.5}$浓度降低 0.02μg/m^3 和 0.01μg/m^3。因此,通过"间接"过程导致的上海 PM$_{2.5}$浓度的降低量总共大约是 0.04μg/m^3,这仅相当于上海 PM$_{2.5}$浓度降低总量(2.67μg/m^3)的 1.3%。

按照相同的步骤计算,如果江苏和浙江的前体物浓度分别降低 50%,估算得到"间接"过程分别可以解释 $PM_{2.5}$ 浓度降低幅度的 1.7% 和 1.0%。这些结果表明,正文中所述的"间接"过程是可以忽略的。

2. 式(4-10)与式(4-11)之间假设的合理性

首先简要回顾假设的内容: $[PM_{2.5}\_Trans]_{B\rightarrow A}$(即由于 B 区域前体物排放量的变化通过二次 $PM_{2.5}$ 的跨区域传输导致的 A 区域 $PM_{2.5}$ 浓度的变化)仅与区域 B 的前体物排放量有关,而与其他区域的前体物排放量无关。也就是说, $[PM_{2.5}\_Trans]_{B\rightarrow A}$ 和 $[PM_{2.5}\_Trans]_{C\rightarrow A}$ 之间的相互影响被忽略掉了。

为了证明这一假设的合理性,下面尝试说明在长三角地区,江苏和"其他"前体物排放量对 $[PM_{2.5}\_Trans]_{浙江\rightarrow 上海}$ 的影响微乎其微。

如表 D-1 所示,我们设计了若干成对的 CMAQ 情景,每一对中两个情景的区别在于浙江的前体物排放量,不同对情景的区别是江苏和"其他"的前体物排放量。因此,根据同一对中的两个情景,可以计算在特定的江苏和"其他"的排放量下 $[PM_{2.5}\_Trans]_{浙江\rightarrow 上海}$ 的数值。然后,通过比较上面计算的所有 $[PM_{2.5}\_Trans]_{浙江\rightarrow 上海}$ 的数值,可以评估江苏和"其他"的前体物排放量对 $[PM_{2.5}\_Trans]_{浙江\rightarrow 上海}$ 的影响。

根据情景 1、2 和式(4-7)、式(4-8),估算得到 $[PM_{2.5}\_Trans]_{浙江\rightarrow 上海}$ 为 $-3.92\mu g/m^3$。同样,根据情景 3、4 和式(4-7)、式(4-8)估算得到,当江苏的 NO_x、SO_2 和 NH_3 排放减少 50% 时, $[PM_{2.5}\_Trans]_{浙江\rightarrow 上海}$ 为 $-3.91\mu g/m^3$。类似地,可以估算得到各种情形下 $[PM_{2.5}\_Trans]_{浙江\rightarrow 上海}$ 的数值,总结在表 D-2 中。可以看出,江苏和"其他"前体物排放量的变化仅能使 $[PM_{2.5}\_Trans]_{浙江\rightarrow 上海}$ 改变小于 1%。这就支持了前述关于" $[PM_{2.5}\_Trans]_{浙江\rightarrow 上海}$ 只与浙江的前体物排放有关,而与其他区域的前体物排放无关"的假设。

表 D-1　用于测试 ERSM 假设的 CMAQ 控制情景

情景对编号	情景编号	情景描述	设计情景的目的
1	1	CMAQ 基准情景	计算当除浙江外其他区域的排放量保持基准情景排放量不变时 $[PM_{2.5}\_Trans]_{浙江\rightarrow 上海}$ 的数值
	2	浙江的 NO_x、SO_2 和 NH_3 排放减少 50%,其他区域保持基准情景的排放量不变	

续表

情景对编号	情景编号	情景描述	设计情景的目的
2	3	江苏的 NO_x、SO_2 和 NH_3 排放减少 50%，其他区域保持基准情景的排放量不变	计算当江苏的 NO_x、SO_2 和 NH_3 排放减少 50% 时 $[PM_{2.5}\_Trans]_{浙江→上海}$ 的数值
	4	浙江和江苏的 NO_x、SO_2 和 NH_3 排放减少 50%，其他区域保持基准情景的排放量不变	
3	5	"其他"的 NO_x、SO_2 和 NH_3 排放减少 50%，其他区域保持基准情景的排放量不变	计算当"其他"的 NO_x、SO_2 和 NH_3 排放减少 50% 时 $[PM_{2.5}\_Trans]_{浙江→上海}$ 的数值
	6	浙江和"其他"的 NO_x、SO_2 和 NH_3 排放减少 50%，其他区域保持基准情景的排放量不变	
4	7	江苏和"其他"的 NO_x 排放减少 50%，其他区域保持基准情景的排放量不变	计算当江苏和"其他"的 NO_x 排放减少 50% 时 $[PM_{2.5}\_Trans]_{浙江→上海}$ 的数值
	8	浙江的 NO_x、SO_2 和 NH_3 排放减少 50%，江苏和"其他"的 NO_x 排放减少 50%，其他区域保持基准情景的排放量不变	
5	9	江苏和"其他"的 SO_2 排放减少 50%，其他区域保持基准情景的排放量不变	计算当江苏和"其他"的 SO_2 排放减少 50% 时 $[PM_{2.5}\_Trans]_{浙江→上海}$ 的数值
	10	浙江的 NO_x、SO_2 和 NH_3 排放减少 50%，江苏和"其他"的 SO_2 排放减少 50%，其他区域保持基准情景的排放量不变	
6	11	江苏和"其他"的 NH_3 排放减少 50%，其他区域保持基准情景的排放量不变	计算当江苏和"其他"的 NH_3 排放减少 50% 时 $[PM_{2.5}\_Trans]_{浙江→上海}$ 的数值
	12	浙江的 NO_x、SO_2 和 NH_3 排放减少 50%，江苏和"其他"的 NH_3 排放减少 50%，其他区域保持基准情景的排放量不变	

注：模拟时段为 2010 年 8 月。

表 D-2　各种情形下 $[PM_{2.5}\_Trans]_{浙江 \to 上海}$ 的数值

除浙江外其他区域的前体物排放	$[PM_{2.5}\_Trans]_{浙江 \to 上海}$	相应的 CMAQ 情景
基准情景的排放量	−3.92	情景对 1（即情景 1、2）
江苏的 NO_x、SO_2 和 NH_3 排放减少 50%	−3.91	情景对 2（即情景 3、4）
"其他"的 NO_x、SO_2 和 NH_3 排放减少 50%	−3.89	情景对 3（即情景 5、6）
江苏和"其他"的 NO_x 排放减少 50%	−3.91	情景对 4（即情景 7、8）
江苏和"其他"的 SO_2 排放减少 50%	−3.93	情景对 5（即情景 9、10）
江苏和"其他"的 NH_3 排放减少 50%	−3.89	情景对 6（即情景 11、12）

索　引

与本文有关的学术论文与研究成果

期 刊 论 文

[1] **Zhao B**，Wu W J，Wang S X，Xing J，Chang X，Liou K N，Jiang J H，Gu Y，Jang C，Fu J S，Zhu Y，Wang J D，Lin Y，Hao J M. A modeling study of the nonlinear response of fine particles to air pollutant emissions in the Beijing-Tianjin-Hebei region. Atmospheric Chemistry and Physics，2017，17：12031-12050.（SCI 收录，IF＝5.318）

[2] Wang J D[#]，**Zhao B**[#]，Wang S X，Yang F M，Xing J，Morawska L，Ding A J，Kulmala M，Kerminen V M，Kujansuu J，Wang Z F，Ding D A，Zhang X Y，Wang H B，Tian M，Petaja T，Jiang J K，Hao J M. Particulate matter pollution over China and the effects of control policies. Science of the Total Environment，2017，584：426-447.（SCI 收录，IF＝4.900，♯共同第一作者）

[3] **Zhao B**，Jiang J H，Gu Y，Diner D，Worden J，Liou K N，Su H，Xing J，Garay M，Huang L. Decadal-scale trends in regional aerosol particle properties and their linkage to emission changes. Environmental Research Letters，2017，12（5）：054021.（SCI 收录，IF＝4.404）

[4] Wu W J[#]，**Zhao B**[#]，Wang S X，Hao J M. Ozone and secondary organic aerosol formation potential from anthropogenic volatile organic compounds emissions in China. Journal of Environmental Sciences，2017，53：224-237.（SCI 收录，IF＝2.865，♯共同第一作者）

[5] **Zhao B**，Wang S X，Donahue N M，Jathar S H，Huang X F，Wu W J，Hao J M，Robinson A L. Quantifying the effect of organic aerosol aging and intermediate-volatility emissions on regional-scale

aerosol pollution in China. Scientific Reports, 2016, 6: 28815. (SCI 收录, IF=4.259)

[6] **Zhao B**, Wang S X, Donahue N M, Chuang W, Hildebrandt Ruiz L, Ng N L, Wang Y J, Hao J M. Evaluation of one-dimensional and two-dimensional volatility basis sets in simulating the aging of secondary organic aerosols with smog-chamber experiments. Environmental Science & Technology, 2015, 49(4): 2245-2254. (SCI 收录, IF=6.198)

[7] **Zhao B**, Wang S X, Xing J, Fu K, Fu J S, Jang C, Zhu Y, Dong X Y, Gao Y, Wu W J, Wang J D, Hao J M. Assessing the nonlinear response of fine particles to precursor emissions: Development and application of an extended response surface modeling technique v1.0. Geoscientific Model Development, 2015, 8(1): 115-128. (SCI 收录, IF=3.458)

[8] Wang S X, **Zhao B**, Cai S Y, Klimont Z, Nielsen C P, Morikawa T, Woo J H, Kim Y, Fu X, Xu J Y, Hao J M, He K B. Emission trends and mitigation options for air pollutants in East Asia. Atmospheric Chemistry and Physics, 2014, 14(13): 6571-6603. (SCI 收录, IF=5.318)

[9] **Zhao B**, Wang S X, Liu H, Xu J Y, Fu K, Klimont Z, Hao J M, He K B, Cofala J, Amann M. NO_x emissions in China: Historical trends and future perspectives. Atmospheric Chemistry and Physics, 2013, 13(19): 9869-9897. (SCI 收录, IF=5.318)

[10] **Zhao B**, Wang S X, Wang J D, Fu J S, Liu T H, Xu J Y, Fu X, Hao J M. Impact of national NO_x and SO_2 control policies on particulate matter pollution in China. Atmospheric Environment, 2013, 77: 453-463. (SCI 收录, IF=3.629)

[11] **Zhao B**, Wang S X, Dong X Y, Wang J D, Duan L, Fu X, Hao J M, Fu J. Environmental effects of the recent emission changes in China: Implications for particulate matter pollution and soil acidification. Environmental Research Letters, 2013, 8(2): 024031. (SCI 收录, IF=4.404)

[12] **Zhao B**, Xu J Y, Hao J M. Impact of energy structure adjustment on air quality: A case study in Beijing, China. Frontiers of

Environmental Science & Engineering in China，2011，5(3)：378-390.（SCI 收录，IF＝1.716）

[13] 王书肖，**赵斌**，吴烨，郝吉明. 我国大气细颗粒物污染防治目标和控制措施研究. 中国环境管理，2015,7(2)：37-43.（中文核心期刊）

[14] Hu J L，Li X，Huang L，Ying Q，Zhang Q，**Zhao B**，Wang S X，Zhang H L. Ensemble predictions of air pollutants in China in 2013 for health effects studies using WRF/CMAQ Modeling System with four emission inventories. Atmospheric Chemistry and Physics，2017.（SCI 收录，IF＝5.318，已接受）

[15] Xu S C，Zhang W W，Li Q B，**Zhao B**，Wang S X，Long R Y. Decomposition analysis of the factors that influence energy related air pollutant emission changes in China using the SDA method. Sustainability，2017，9(10)：1742.（SCI 收录，IF＝1.789）

[16] Xing J，Wang S X，**Zhao B**，Wu W J，Ding D，Jang C，Zhu Y，Chang X，Wang J D，Zhang F F，Hao J M. Quantifying nonlinear multiregional contributions to ozone and fine particles using an updated response surface modeling technique. Environmental Science & Technology，2017，51(20)：11788-11798.（SCI 收录，IF＝6.198）

[17] Xing J，Wang S X，Jang C，Zhu Y，**Zhao B**，Ding D，Wang J D，Zhao L J，Xie H X，Hao J M. ABaCAS：An overview of the air pollution control cost-benefit and attainment assessment system and its application in China. Air and Waste Management Association's Magazine for Environmental Managers，2017.（SCI 收录）

[18] Xie Y Y，Zhao B，Zhao Y J，Luo Q Z，Wang S X，**Zhao B**，Bai S H. Reduction in population exposure to $PM_{2.5}$ and cancer risk due to $PM_{2.5}$-bound PAHs exposure in Beijing，China during the APEC meeting. Environmental Pollution，2017，225：338-345.（SCI 收录，IF＝5.099）

[19] Ma Q A，Cai S Y，Wang S X，**Zhao B**，Martin R V，Brauer M，Cohen A，Jiang J K，Zhou W，Hao J M，Frostad J，Forouzanfar M H，Burnett R T. Impacts of coal burning on ambient $PM_{2.5}$ pollution in China. Atmospheric Chemistry and Physics，2017，17(7)：4477-4491.（SCI 收录，IF＝5.318）

[20] Yan C Q，Zheng M，Bosch C，Andersson A，Desyaterik Y，Sullivan A P，Collett J L，**Zhao B**，Wang S X，He K B，Gustafsson O. Important fossil source contribution to brown carbon in Beijing during winter. Scientific Reports，2017，7：43182.（SCI 收录，IF＝4.259）

[21] Ke W W，Zhang S J，Wu Y，**Zhao B**，Wang S X，Hao J M. Assessing the future vehicle fleet electrification：The impacts on regional and urban air quality. Environmental Science & Technology，2017，51(2)：1007-1016.（SCI 收录，IF＝6.198）

[22] Zhang S J，Wu Y，**Zhao B**，Wu X M，Shu J W，Hao J M. City-specific vehicle emission control strategies to achieve stringent emission reduction targets in China's Yangtze River Delta region. Journal of Environmental Sciences，2017，51：75-87.（SCI 收录，IF＝2.865）

[23] Wang Y J，Bao S W，Wang S X，Hu Y T，Shi X，Wang J D，**Zhao B**，Jiang J K，Zheng M，Wu M H，Russell A G，Wang Y H，Hao J M. Local and regional contributions to fine particulate matter in Beijing during heavy haze episodes. Science of the Total Environment，2017，580：283-296.（SCI 收录，IF＝4.900）

[24] Yu Q，Zhang T，Cheng Z L，**Zhao B**，Mulder J，Larssen T，Wang S X，Duan L. Is surface water acidification a serious regional issue in China? Science of the Total Environment，2017，584：783-790.（SCI 收录，IF＝4.900）

[25] Cai S Y，Wang Y J，**Zhao B**，Wang S X，Chang X，Hao J M. The impact of the "Air Pollution Prevention and Control Action Plan" on $PM_{2.5}$ concentrations in Jing-Jin-Ji region during 2012-2020. Science of the Total Environment，2017，580：197-209.（SCI 收录，IF＝4.900）

[26] Duan L，Chen X，Ma X X，**Zhao B**，Larssen T，Wang S X，Ye Z X. Atmospheric S and N deposition relates to increasing riverine transport of S and N in southwest China：Implications for soil acidification. Environmental Pollution，2016，218：1191-1199.（SCI 收录，IF＝5.099）

[27] Morino Y, Ohara T, Xu J, Hasegawa S, **Zhao B**, Fushimi A, Tanabe K, Kondo M, Uchida M, Yamaji K, Yang L, Song S, Dong W, Wu Y, Wang S, Hao J. Diurnal variations of fossil and nonfossil carbonaceous aerosols in Beijing. Atmospheric Environment, 2015, 122: 349-356. (SCI 收录, IF＝3.629)

[28] Long S C, Zhu Y, Jang C, Lin C J, Wang S X, **Zhao B**, Gao J, Deng S, Xie J P, Qiu X Z. Development and application of a streamlined control and response modeling system for $PM_{2.5}$ attainment assessment: A case study in China. Journal of Environmental Sciences-China, 2016, 41: 69-80. (SCI 收录, IF＝2.865)

[29] Wang J D, Wang S X, Voorhees S, **Zhao B**, Jang C, Jiang J K, Fu J S, Ding D, Zhu Y, Hao J M. Assessment of short-term $PM_{2.5}$-related mortality due to different emission sources in the Yangtze River Delta, China. Atmospheric Environment, 2015, 123: 440-448. (SCI 收录, IF＝3.629)

[30] Voorhees A S, Wang J D, Wang C C, **Zhao B**, Wang S X, Kan H D. Public health benefits of reducing air pollution in Shanghai: A proof-of-concept methodology with application to BenMAP. Science of the Total Environment, 2014, 485: 396-405. (SCI 收录, IF＝4.900)

[31] Fu X, Wang S X, Cheng Z, Xing J, **Zhao B**, Wang J D, Hao J M. Source, transport and impacts of a heavy dust event in the Yangtze River Delta, China, in 2011. Atmospheric Chemistry and Physics, 2014, 14(3): 1239-1254. (SCI 收录, IF＝5.318)

[32] Wang S X, Xing J, **Zhao B**, Jang C, Hao J M. Effectiveness of national air pollution control policies on the air quality in metropolitan areas of China. Journal of Environmental Sciences-China, 2014, 26(1): 13-22. (SCI 收录, IF＝2.865)

[33] Wang J D, Wang S X, Jiang J K, Ding A J, Zheng M, **Zhao B**, Wong D C, Zhou W, Zheng G J, Wang L, Pleim J E, Hao J M. Impact of aerosol-meteorology interactions on fine particle pollution during China's severe haze episode in January 2013. Environmental Research Letters, 2014, 9(9). (SCI 收录, IF＝4.404)

[34] Chatani S，Amann M，Goel A，Hao J，Klimont Z，Kumar A，Mishra A，Sharma S，Wang S X，Wang Y X，**Zhao B**. Photochemical roles of rapid economic growth and potential abatement strategies on tropospheric ozone over South and East Asia in 2030. Atmospheric Chemistry and Physics，2014，14(17)：9259-9277. (SCI 收录，IF＝5.318)

[35] Fu X，Wang S X，**Zhao B**，Xing J，Cheng Z，Liu H，Hao J M. Emission inventory of primary pollutants and chemical speciation in 2010 for the Yangtze River Delta region，China. Atmospheric Environment，2013，70：39-50. (SCI 收录，IF＝3.629)

[36] Wang S X，Zhang L，**Zhao B**，Meng Y，Hao J M. Mitigation Potential of Mercury Emissions from Coal-Fired Power Plants in China. Energy & Fuels，2012，26(8)：4635-4642. (SCI 收录，IF＝3.091)

[37] 惠霖霖，张磊，王书肖，蔡思翌，**赵斌**. 中国燃煤部门大气汞排放协同控制效果评估及未来预测. 环境科学学报，2017，37(1)：11-22. (中文核心期刊)

[38] 阿克木·吾马尔，蔡思翌，**赵斌**，王书肖，海莉玛·毛拉也夫. 油品储运行业挥发性有机物排放控制技术评估. 化工环保，2015，35(1)：64-68. (中文核心期刊)

[39] 汪俊，**赵斌**，王书肖，郝吉明. 中国电力行业多污染物控制成本与效果分析. 环境科学研究，2014，27(11)：1316-1324. (中文核心期刊)

[40] 张菊，康荣华，**赵斌**，黄永梅，叶芝祥，段雷. 内蒙古温带草原氮沉降的观测研究. 环境科学，2013，34(9)：3552-3556. (中文核心期刊)

会 议 论 文

[1] Wang S X，**Zhao B**，Donahue N，Huang X F，Hao J M，Simulation of organic aerosols in China with Two-dimensional Volatility Basis Set. In American Association for Aerosol Research Annual Conference，Minneapolis，U. S. A.，2015. (国际会议)

[2] **Zhao B**，Wang S X，Cai S Y，Klimont Z，Morikawa T，Woo J H，Kim Y，Hao J M. Emission trends and mitigation options for air

pollutants in East Asia. In Model Intercomparison of Atmospheric Dispersion Models for Asia: 5th Modeling Workshop, Xiamen, China, 2014. (国际会议)

[3] Wang S X, **Zhao B**, Hao J M. Nonlinear response of fine particle pollution to precursor emissions in the Yangtze River Delta, China. In International Aerosol Conference, Bexco, Korea, 2014. (国际会议)

[4] **Zhao B**, Wang S X, Hao J M. Nonlinear response of fine particle pollution to the emissions of primary particles and gaseous precursors in Yangtze River Delta, China. In 12th International Conference on Atmospheric Sciences and Applications to Air Quality, Seoul, Korea, 2013. (国际会议)

[5] **Zhao B**, Wang S X, Hao J M. Evolution of China's emissions and the impact on particulate matter pollution: 2005—2015. In International Conference on Air Pollution Control Benefit and Cost Assessment, Hangzhou, China, 2013. (国际会议)

[6] **Zhao B**, Wang S X, Hao J M. A modeling study of typical episodes and control strategies of haze pollution in the Yangtze River Delta. In Model Intercomparison of Atmospheric Dispersion Models for Asia: 4th Modeling Workshop, Kunming, China, 2013. (国际会议)

[7] **Zhao B**, Xu J Y, Hao J M. Scenarios for the control of ozone precursors in China. In 16th Asia-Pacific Integrated Model Workshop, Tsukuba, Japan, 2011. (国际会议)

致　　谢

首先要感谢导师郝吉明院士。郝老师严谨的学术态度和饱满的学术热情深深地感染了我，能够成为他的学生是我一生的荣幸！"授人以鱼不如授人以渔"，置身其间，潜移默化，郝老师教给我的不仅是具体的知识，更重要的是思考问题的方法，这将是我未来学术道路上最宝贵的财富。作为一名学术大师，郝老师平易近人、和蔼可亲，他对我的殷切关怀令我每每想起都如沐春风。

衷心感谢副导师王书肖教授。从课题选题到论文结束，每一个细节都离不开王老师的悉心指导。熬夜帮我修改论文，不厌其烦地帮我修改PPT，口干舌燥地帮我纠正错误，王老师点点滴滴的辛劳铺就了我通向科学殿堂的道路。每一次挫折背后，都有王老师耐心的鼓励和帮助；每一分喜悦背后，都凝聚了王老师大量的心血和汗水。

感谢美国田纳西大学的 Joshua S. Fu 教授，美国卡耐基梅隆大学的 Neil M. Donahue 教授，国际系统分析研究所的 Markus Amann 博士、Zbigniew Klimont 博士、Janusz Cofala 博士，美国环保署的 Carey Jang 博士，日本京都大学的 Yuzuru Matsuoka 教授，美国北卡罗来纳州立大学的 Yang Zhang 教授，他们对我在国外进行学术访问期间提供的帮助使我在学术和生活方面受益良多。感谢北京大学黄晓锋老师提供了 HR-ToF-AMS 观测数据，对我的研究工作很有帮助。

感谢清华大学环境学院大气所全体老师的关怀和指导！特别感谢许嘉钰老师对我科研上的悉心指导和生活上的殷切关怀！感谢大气所全体同学对我的关心和帮助！

本课题承蒙国家环保公益性项目、国家自然科学基金创新群体项目、"中科院灰霾专项"以及丰田汽车公司等资助，特此致谢。

谨以此文献给一直支持我的父母和爱人！

赵斌

2016 年 7 月